Der Wärmeübergang und die thermodynamische Berechnung der Leistung bei Verpuffungsmaschinen insbesondere bei Kraftfahrzeug-Motoren

Von

Dr.-Ing. August Herzfeld

Mit 27 Textabbildungen

Berlin
Verlag von Julius Springer
1925

ISBN-13: 978-3-642-89840-2 e-ISBN-13: 978-3-642-91697-7
DOI: 10.1007/978-3-642-91697-7

Softcover reprint of the hardcover 1st edition 1925

Vorwort.

Die nachstehende Arbeit hat als Grundlage meine Doktordissertation: „Der Wärmeübergang in der Verpuffungsmaschine", welche von der Technischen Hochschule in München zur Erlangung der Würde eines Doktor-Ingenieurs genehmigt worden war.

In dieser wurde zum ersten Male der Versuch gemacht, den Wärmeübergang in der Verpuffungsmaschine auf Grund der Grenzschichttheorie zu bestimmen.

An die ursprüngliche, als Dissertation eingereichte Arbeit anschließend, habe ich noch eine Reihe von Verbesserungen und Zusätzen vorgenommen, die den praktischen Wert der Ergebnisse steigern.

So ist es insbesondere gelungen, den Wärmeübergang am Kolben und an der senkrecht zur Zylinderachse gelegenen Abschlußfläche des Verdichtungsraumes sowie das Temperaturgefälle im Kolben selbst zu bestimmen und für die günstigste Lage der Zündstelle Richtlinien aufzustellen. Schließlich konnten noch einfachere, für die Praxis brauchbare Formeln gewonnen werden, die es ermöglichen, den sonst langwierigen Rechnungsvorgang bei der Ermittlung des Wärmeüberganges so zu vereinfachen, daß hierzu nur mehr wenige Stunden benötigt werden.

Die Untersuchungen wurden an einem alten 8-PS-Einzylindermotor von De Dion Bouton, einem 45/60-PS-Vierzylindermotor der Bayrischen Motorenwerke, einer Deutzer Gasmaschine von 180 mm Bohrung und 320 mm Hub, einem 45 PS vierzylindrigen Daimler-Lastwagenmotor mit Gußeisen- und Leichtmetallkolben und an einem 12/40-PS-Steyr-Sechszylinder-Personenwagenmotor durchgeführt.

Es ergibt sich, daß die hier entwickelte Theorie und die aus ihr entstandenen Näherungsformeln bei Motoren mit einfachen Verbrennungsräumen Ergebnisse zeitigen, die sehr genau mit den Messungen übereinstimmen, während sich bei Motoren mit komplizierten und zerklüfteten Verdichtungsräumen diese Übereinstimmung verschlechtert, da dann Strömungen im Zylinder auftreten, die wir formelmäßig nicht darstellen können.

Bei der Abfassung der als Grundlage dienenden Doktorarbeit habe ich mich dauernder wohlwollender Unterstützung und freundlicher Ratschläge der Herren Professor Dipl.-Ing. G. Marx (Vorsitzender), Prof. Dr.-Ing. G. Zerkowitz (1. Referent), Prof. Dr. O. Knoblauch

(2. Referent), Prof. Dr.-Ing. A. Loschge, Privatdozent Dr.-Ing. H. Schrön und insbesondere auch von seiten des Herrn Dipl.-Ing. O. Kehrer zu erfreuen gehabt. Ich gestatte mir daher hierfür auch an dieser Stelle meinen ergebensten Dank auszusprechen.

Schließlich bin ich auch noch meinem Bruder, Prof. Dr. Karl Ferdinand Herzfeld der Universität München, aufrichtigen Dank schuldig, da er einerseits auf meine Bitte die für die Arbeit grundlegende Integration der Kármán-Latzkoschen Gleichungen vorgenommen, andrerseits bei manchen physikalischen und mathematischen Klippen mit Rat und Tat eingegriffen hat.

Steyr, im August 1924.

Nachträglich gestatte ich mir noch, Herrn Generaldirektor Alfred Schick der Österreichischen Waffenfabriks-Gesellschaft und Herrn Hofrat Ing. Johann Zoller, Leiter der Versuchsanstalt für Kraftfahrzeuge in Wien, für die mir zuteil gewordene entgegenkommende und wohlwollende Unterstützung bei der Verwertung des Versuches mit dem Steyr-Motor ergebenst zu danken.

Wien, 1925.

Dr.-Ing. **August Herzfeld.**

Inhaltsverzeichnis.

Erläuterung der angewandten Bezeichnungen.

A . . . . . . veränderlicher Faktor in der Näherungsformel (21) für W_{lZ} (siehe S. 61 u. 62 und Abb. 17).
B_e . . . . . . stündlicher Gesamt-Brennstoffverbrauch in kg.
C . . . . . . Konstante in der Zähigkeitsformel von Sutherland.
C_v . . . . . . spezifische Wärme für 1 g in g cal.
C' . . . . . . Variable zur Bestimmung der jeweiligen Temperatur in der Näherungsformel (29) (Abb. 18).
D . . . . . . Bohrung in cm.
F . . . . . . vom Kolben freigelegte Fläche einschließlich Fläche des Kolbens und Zylinderkopfes.
F_s . . . . . . graphisch integrierte Werte von S.
H . . . . . . Temperaturfaktor für den Wärmeübergang bei der Grenzschichttheorie.
H_u . . . . . . unterer Heizwert des Brennstoffes.
K . . . . . . Wert des Integrals aus Gleichung 7.
L . . . . . . Luftverbrauch.
L_{chem} . . . . . zur vollständigen Verbrennung notwendige Luftmenge.
L_e . . . . . . stündlicher Luftverbrauch.
N_e . . . . . . effektive Leistung.
N_i . . . . . . indizierte Leistung.
N_g . . . . . . Gesamtleistung beim Explosionshub (einschließlich Verdichtungsarbeit).
P . . . . . . Druck in kg/m².
Q_s . . . . . . Wärmeübergang durch Strahlung pro sek.
Q_0 . . . . . . Wärmeübergang durch Leitung pro sek und cm².
R . . . . . . Gaskonstante.
R' . . . . . . Gaskonstante mal Molzahl.
S . . . . . . Strömungsfaktor bei der Grenzschichttheorie.
S_0 . . . . . . Wert von S an der Stelle $z = z_0$.
S' . . . . . . Wert von S am Ende der S-Kurven in Abb. 10 oberhalb des Kolbens.
T . . . . . . absolute Temperatur des Gases in Zylinder.
T_K . . . . . . absolute Temperatur im Mittelpunkt des Kolbenbodens.
T_{KM} . . . . . mittlere absolute Temperatur des Kolbenbodens.
T_{KR} . . . . . absolute Temperatur des Kolbenbodenrandes (oberes Schaftende).
T_{KU} . . . . . absolute Temperatur des unteren Kolbenschaftendes.
T_w . . . . . . absolute Temperatur der Zylinderwand innen.
U . . . . . . Strömungsgeschwindigkeit im Gaskern in cm/sek.
V . . . . . . Volumen in m³.
W_A . . . . . Gesamtwärmeübergang während der Entspannung der Gase beim Öffnen des Auspuffventils und des Auspuffhubes in g cal.
W_E . . . . . Gesamtwärmeübergang während des Explosionshubes in g cal.
W_K . . . . . gesamte Wärme, die an den Kolben während Explosions- und Auspuffhubes durch Leitung und Strahlung abgegeben wird, in g cal.
W_l und W_{lZ}. . Wärmeabgabe durch Leitung an die Zylinderwand in g cal.
W_{lK} . . . . . Wärmeabgabe durch Leitung an den Kolben in g cal.
W_{lD} . . . . . Wärmeabgabe durch Leitung an den Abschluß des Kompressionsraumes in gcal.

W_s . . . . Wärmeabgabe durch Strahlung an den ganzen Zylinder und Kolben in g cal.
W_{sD} . . . . . Wärmeabgabe durch Strahlung an den Abschluß des Kompressionsraumes in g cal.
W_{sK} . . . . . Wärmeabgabe durch Strahlung an den Kolben in g cal.
W_{sZ} . . . . . Wärmeabgabe durch Strahlung an den Zylinder in g cal.
a, b, c, d . . . Kolbenstellungen der Deutzer Gasmaschine.
a, c . . . . . Werte für die Gleichung einer Geraden.
c . . . . Kolbengeschwindigkeit in cm/sek.
c_m . . . . . . mittlere Kolbengeschwindigkeit in cm/sek, bzw. m/sek.
c_v . . . . . . spezifische Wärme der Ladung in g cal.
d . . . . . . mittlere Dicke des Kolbenbodens, bzw. Kolbenschaftes in cm.
l . . . . Entfernung des Kolbens vom Abschluß des Kompressionsraumes in cm.
l_K . . . . . . Länge des Kolbenschaftes in cm.
l_0 . . . . . . Entfernung der oberen Totlage vom Abschluß des Kompressionsraumes in cm.
l_{max} . . . . . Entfernung der unteren Totlage vom Abschluß des Kompressionsraumes in cm.
n . . . . Drehzahl in der Minute.
p . . . . Druck in Atm.
s . . . . Hub in cm.
t . . . . Zeit in sek.
t . . . . Temperatur in ^{0} C.
u . . . . Geschwindigkeit in der Grenzschicht in cm/sek.
v . . . . Volumen.
x'' . . . . . . Wert zur Bestimmung der unteren Grenze des Integrals „K“.
y . . . . Abstand von der Wand in cm.
z . . . . Abstand des untersuchten Punktes vom Abschluß des Kompressionsraumes in cm.
z_0 . . . . . . Stelle, an der $x'' = l_0$ ist.
z' . . . . Stelle von S' in Abb. 10.
α . . . . Wärmeübergangszahl in g cal/sek. cm^2 ^{0}C, bzw. kg-Cal/m^{2}h^{0}C.
δ . . . . Dicke der Grenzschicht in cm.
η_i . . . . . . indizierter Wirkungsgrad.
η_l . . . . . . Lieferungsgrad.
η_{mech} . . . . . mechanischer Wirkungsgrad.
η_w . . . . . . wirtschaftlicher Wirkungsgrad.
ε . . . . Kompressionsverhältnis.
λ . . . . Wärmeleitzahl in kg-Cal/m^2 pro m und ^{0} C.
μ . . . . Reibungszahl.
μ_0 . . . . . . Reibungszahl bei 0^0 C.
ν . . . . Zähigkeitszahl $= \frac{\mu}{\varrho}$.
ν_0 . . . . $= \frac{\mu}{\varrho_0}$.
ϱ . . . . Dichte in g/cm^3.
ϱ_0 . . . . . . Anfangsdichte in g/cm^3.

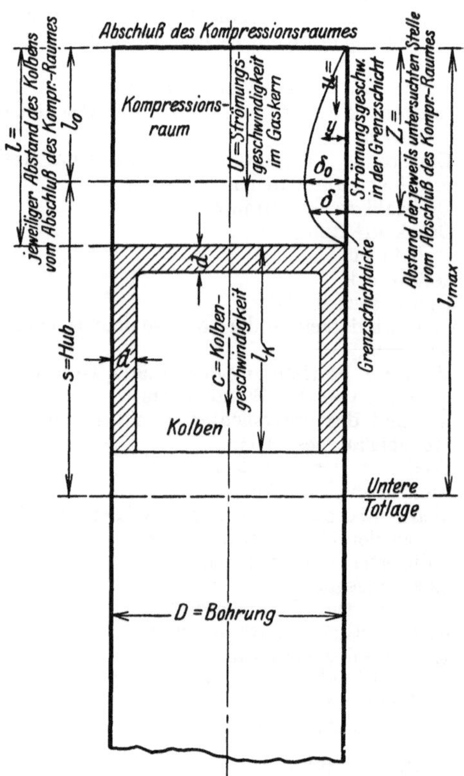

Abb. 1. Schematische Darstellung der wichtigsten Bezeichnungen bei der Bestimmung der Grenzschicht.

Einleitung.

Die Notwendigkeit der Erhöhung des wirtschaftlichen Wirkungsgrades der Verpuffungsmotoren und insbesondere das Bedürfnis des Flugzeugbaues, Motoren zu erhalten, die auch in großen Höhen noch entsprechende Leistungen aufweisen, zwang die Konstrukteure von Fahr- und Flugzeugmotoren, den Verdichtungsgrad derselben allmählich zu vergrößern, so daß die noch vor kurzem für hoch erachtete Verdichtung von 1:4 bis 4,5 heute längst als überholt erscheint. Es stellte sich nun beim Baue solcher Motoren die Schwierigkeit einer guten und ausreichenden Kühlung ein, die nicht nur durch den hohen Verdichtungsgrad allein, sondern auch durch die hierfür nötig werdende Verringerung der Oberfläche des Kompressionsraumes begründet war. Diese Verringerung der Oberfläche des Kompressionsraumes war schon früher, bevor die hochkomprimierten Motoren ihren Aufschwung nahmen, als günstig erkannt worden, weil solche Motoren größere Leistungen ergaben, so daß man allmählich immer mehr und mehr zu halbkugeligen oder zylindrischen Verdichtungsräumen überging. Dabei hatte sich schon damals die außerordentliche Schwierigkeit einer genügenden Kühlung und einfachen Steuerung herausgestellt, die so groß war, daß sich manche Konstrukteure selbst heute noch nicht zu dieser Form bekennen wollen. Da sich die abzuführende Wärme bisher jeder Berechnung entzogen hatte, blieb es daher beim Bau solcher Motoren der Erfahrung des Konstrukteurs überlassen, welches Maß der Verdichtung ihm noch zulässig erschien; und dieses Maß mußte dann noch durch zeitraubende und kostspielige Versuche bestätigt werden.

Es wäre daher bei der heutigen Tendenz im Motorenbau von ganz außerordentlich großer Wichtigkeit, diese abzuführende Wärme schon bei dem Entwurf des Motors rechnerisch erfassen zu können, um so mehr als heute leider von manchen Konstrukteuren noch immer zu viel „erfahrungsgemäß“ und zu wenig rechnerisch konstruiert wird.

Auch wäre es bei Neukonstruktionen von großem Werte, die Bestimmung der Leistung, die sich bisher nur auf einen geschätzten wirtschaftlichen Wirkungsgrad oder mittleren effektiven Druck stützen konnte, im vorhinein rechnerisch mit genügender Genauigkeit wie bei

Dampfmaschinen durchführen zu können. Die Schätzung dieser Werte führt ja erfahrungsgemäß besonders bei Schnelläufern häufig zu großen Abweichungen zwischen erhoffter und erreichter Leistung. Um aber die Leistung im vorhinein genügend genau errechnen zu können, müssen wir wissen, wieviel Wärme während des Explosionshubes an Zylinder und Kolben abgegeben wird.

Bisher war die Ermittlung der Kühlwasserverluste nur auf die experimentelle Messung angewiesen, sie konnten infolgedessen nur bei einem schon ausgeführten Motor festgestellt werden. Eine für die Allgemeinheit gültige Erfahrungsregel konnten uns diese Versuche jedoch nur in sehr beschränktem Maße bringen. Es wurden daher in erster Linie von Güldner[1]), Clerk[2]), Junkers[3]) Versuche[1]) angestellt, um allgemein gültige Gesetze über den Wärmeübergang aufstellen zu können. Eine Reihe weiterer Untersuchungen wollen wir hier nicht erwähnen, weil sie sich auf Gleichdruckmaschinen beschränken, die wir aus dieser Arbeit aus später erwähnten Gründen weglassen wollen. Schon bei diesen Versuchen ergab sich, daß die Wärmeübergangszahlen von einer Reihe von Faktoren, so der Kolbengeschwindigkeit, dem Druck und der Temperatur, abhängig sind. Die Ergebnisse sind aber zu ungleichmäßig, um eine für den Konstrukteur brauchbare allgemeine Formel für den Wärmeübergang zu liefern.

Die Versuche, diesen Vorgang theoretisch darzustellen, mußten sich auf Wärmeübergangszahlen stützen. Dies war aber erfolglos, da sich herausstellte, daß die Wärmeübergangszahlen für jeden einzelnen Fall verschieden waren. So ist zum Beispiel auch die von Güldner[1]) (Seite 410) gebrachte Formel nur dann von Wert, wenn man aus ähnlich gebauten Motoren mit experimentell gemessenem Wärmeübergang auf die Wärmeübergangszahlen schließen kann.

Nun gibt uns hier die neueste Entwicklung der Strömungslehre einen wertvollen Fingerzeig. Die Entwicklung der Grenzschichttheorie von Prandtl[4]) und v. Kármán[5]) gibt uns die Möglichkeit, die turbulente Strömung von Gasen zu berechnen. Aus dieser hat v. Kármán, einer Anregung von Prandtl folgend, den Wärmeübergang bei solchen Strömungen entwickelt. Einer seiner Schüler, Latzko[6]), hat hiernach den Wärmeübergang bei solchen stationären Strömungen in guter Übereinstimmung mit den Messungen berechnet. Diese Arbeiten gaben die Anregung, nach der gleichen Theorie den Wärmeübergang im Verpuffungsmotor zu bestimmen. Hierzu mußten zuerst die Strömungsverhältnisse im Motor bestimmt werden, die im Gegensatze zu den von Kármán behandelten Fällen nicht stationär sind; ferner war der Einfluß der Verbrennung auf dieselben, schließlich die wahren Temperaturen infolge der langsamen Verbrennung zu berechnen. Um

[1]) Die angegebenen Ziffern beziehen sich auf die Quellenangabe Seite 93.

nun den Wärmeübergang im Motor unter den obwaltenden Strömungsverhältnissen bestimmen zu können, hat auf meine Anregung mein Bruder, Prof. Dr. K. F. Herzfeld[7]), die Differentialgleichung der Grenzschicht für diesen Fall integriert. Hiermit wurde dann die Berechnung des Wärmeüberganges bei einer Momentanexplosion durchgeführt.

Über die Zündgeschwindigkeit von Benzin-Luftgemischen ist bisher nur die Arbeit von Neumann[8]) bekannt, worin derselbe die Zündgeschwindigkeit in der Bombe festgestellt hat. Die Bestimmung in der Bombe liefert aber für den Motor zu geringe Werte, ebenso die Ergebnisse von Strombeck[9]), die wir später besprechen werden. Infolge unserer in der nachstehenden Abhandlung gewonnenen Erkenntnis des jeweiligen Wärmeüberganges war es uns möglich, aus einem Diagramm die im Motor auftretende Zündgeschwindigkeit zu bestimmen.

Wir werden in dieser Arbeit öfters auf die Erhaltung einer einmal vorhandenen Schichtung des Gemisches parallel zum Kolbenboden ebenso wie auch auf das Auftreten von geballten Rückstandnestern zu sprechen kommen [Otto, Slaby, Dewar, Teichmann und Versuche von Deutz aus Güldner[1]), Seite 476 und folgende sowie Ricardo[22])]. Diese Ergebnisse sprechen wohl für eine regelmäßige Strömung parallel zur Zylinderachse, wie sie auch von uns angenommen wird. Wir wollen dabei den ungünstigen Einfluß einer Schichtung nicht verkennen, soweit wir nicht ausdrücklich anderes bemerken.

Nach Fertigstellung der wesentlichsten Teile dieser Arbeit erschien eine auf experimenteller Basis gewonnene Formel für den Wärmeübergang in der Veröffentlichung von Nusselt[10]). Diese ermöglicht auch eine rechnerische Bestimmung des Wärmeüberganges im vorhinein, jedoch unter der Voraussetzung bekannter Temperaturen, da er die Frage der Zündgeschwindigkeiten nicht näher untersucht. Wie wir später sehen werden, gelingt es uns, die theoretische Unterlage für diese Formel durch die nachstehend entwickelte Theorie zu erbringen.

I. Der Wärmeübergang bei augenblicklicher Verpuffung.

1. Grundgedanken der Theorie.

Wie schon in der Einleitung erwähnt, gibt uns die Grenzschichttheorie von Kármán, Aachen, und Prandtl, Göttingen, die Möglichkeit, die Wärmeübergangszahlen auf thermische und mechanische Größen zurückzuführen. Diese Grenzschicht entsteht durch die Reibung des strömenden Gases an der Wand des durchströmten Rohres oder Gefäßes und ist dadurch gekennzeichnet, daß die Strömungsgeschwindigkeiten gegen die Wand zu innerhalb der Grenzschicht durch die Reibung abnehmen, während der außerhalb der Grenzschicht liegende Gasstrom so strömt, als ob zwischen ihm und der Wand keinerlei Reibung bestehen würde. Bei einer laminaren Strömung bilden sich auch in der Grenzschicht keinerlei Wirbel aus, während bei einer turbulenten Strömung sich innerhalb der Grenzschicht Wirbelungen ausbilden und vom wirbelnden Gaskerne in die Grenzschicht ragende Wirbelungen verzerrt werden. Für unsere Aufgabe kommen nur turbulente Strömungen in Betracht, da, abgesehen von andern dafür sprechenden Umständen, stets die kritische Geschwindigkeit für laminare Strömungen überschritten wird. Bei der Grenzschichttheorie kommt in letzterem Fall nur die mittlere Strömungsgeschwindigkeit in Betracht, aber nicht die Wirbelbildung im einzelnen. Die Turbulenz äußert sich nur in der Stärke der Schubspannung, die in der Grenzschicht herrscht, während im Gaskern mangels Reibung keine Schubspannung vorhanden sein kann, ferner in der Art, wie die Strömungsgeschwindigkeit in der Grenzschicht von dem Wert am Kern bis zum Wert 0 an der Wand abnimmt. Aus den Versuchsergebnissen kommt Latzko zu folgender Formel für den Abfall der Geschwindigkeit in der Grenzschicht:

$$u = U \cdot \left(\frac{y}{\delta}\right)^{1/7} \cdot \left(\frac{8}{7} - \frac{1}{7} \cdot \frac{y}{\delta}\right). \tag{1}$$

Die Form und Dicke der Grenzschicht hängt von der Strömungsgeschwindigkeit ab. Die Gleichung hierfür erhält man, indem man die Änderung der Bewegungsgröße in einem Streifen der Grenzschicht in der Breite 1 zwischen den Werten z und $z + dz$ betrachtet.

Für zwei Ebenen im Abstand dz voneinander gilt: Die Differenz des Impulses der durch die Grenzfläche AA_1 ein-, bzw. durch BB_1 ausströmenden Flüssigkeit beträgt:

$$\frac{\partial}{\partial z}\cdot\int_0^\delta \varrho\cdot u^2\cdot dy.$$

Ferner kommt durch die Grenzfläche AB Flüssigkeit mit der Geschwindigkeit U herein. Um ihren Impuls zu berechnen, ermittelt man

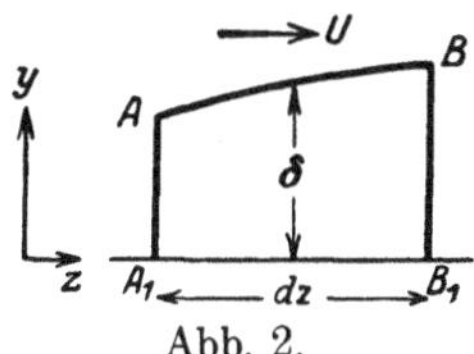

Abb. 2.

zunächst die durch AB eintretende Flüssigkeitsmenge. Diese ist gleich der Zunahme der in dem betrachteten Grenzschichtstück enthaltenen Flüssigkeitsmenge, vermindert um die durch die Grenzfläche AA_1 eintretende, vermehrt um die durch BB_1 austretende Flüssigkeitsmenge, also

$$\frac{\partial}{\partial z}\cdot\int_0^\delta \varrho\cdot u\cdot dy+\frac{\partial}{\partial t}\cdot(\varrho\cdot\delta).$$

Folglich ist der Impuls, der in die Grenzschicht durch AB hineingetragen, bzw. aus ihr herausgetragen wird (letzteres, wenn δ im Sinne der Strömung abnimmt)

$$-U\left[\frac{\partial}{\partial z}\cdot\int_0^\delta \varrho\cdot u\cdot dy+\frac{\partial}{\partial t}\cdot(\varrho\cdot\delta)\right]$$

(—, weil es eintretender Impuls ist).

Dazu kommt das lokale Glied

$$\frac{\partial}{\partial t}\cdot\int_0^\delta \varrho\cdot u\cdot dy.$$

Als Kräfte treten auf: 1. die Wirkung des Druckgefälles der Strömung

$$-dz\cdot\delta\,\frac{\partial p}{\partial z}$$

und 2. die Wirkung der Schubspannung, die nach Kármán

$$dz\cdot\varrho\cdot 0{,}028\,U^2\cdot\left(\frac{\nu}{\delta\cdot U}\right)^{1/4}$$

beträgt.

Wenn wir dies alles zusammenfassen, erhalten wir die Grundgleichung für die Dicke der Grenzschicht

$$\frac{\partial}{\partial t}\int_0^\delta \varrho\cdot u\cdot dy+\frac{\partial}{\partial z}\int_0^\delta \varrho\cdot u^2\cdot dy-U\left[\frac{\partial}{\partial z}\int_0^\delta \varrho\cdot u\cdot dy+\frac{\partial}{\partial t}\cdot(\varrho\cdot\delta)\right]$$

$$=-\delta\cdot\frac{\partial p}{\partial z}+\varrho\cdot 0{,}028\cdot U^2\cdot\left(\frac{\nu}{U\cdot\delta}\right)^{1/4}. \qquad (2)$$

Das in dieser Gleichung vorkommende Druckgefälle berechnet man nach Prandtl aus der Strömung im Gaskern nach den üblichen hydrodynamischen Gleichungen, also zu

$$-\frac{\partial p}{\partial z}=\varrho\cdot U\cdot\frac{\partial U}{\partial z}+\varrho\cdot\frac{\partial U}{\partial t}. \qquad (3)$$

Wenn wir nun mit Hilfe dieser Formeln die Dicke δ der Grenzschicht bestimmt haben, können wir nach Kármán und Latzko den Wärmeübergang errechnen. Darnach spielt bei der turbulenten Strömung eine reine Wärmeleitung (etwa wie in ruhenden Gasen) praktisch keine Rolle, sondern die Wärmeübertragung kommt auf eine ähnliche Weise zustande wie die Impulsübertragung, nämlich durch einen Wärmetransport infolge der unregelmäßigen Wirbelungen. Im Kerne selbst nehmen wir in erster Annäherung überall gleiche Temperatur an, nur in der Grenzschicht erfolgt der Temperaturabfall gegen die Wand zu.

Unter diesen Voraussetzungen erhält man dann den Wärmeübergang für die Flächen- und Zeiteinheit proportional zur Schubspannung des Gases an der Wand. Ferner ist der Wärmeübergang proportional dem Temperaturgefälle an der Wand. Für die Temperaturverteilung in der Grenzschicht machen wir nach Kármán und Latzko in erster Näherung denselben Ansatz wie für die Geschwindigkeitsverteilung [Formel (1)]. Dann erhält man zum Schluß als Wärmeübergang für die Flächen- und Zeiteinheit

$$Q_0=0{,}028\cdot\varrho\cdot C_v\cdot U^{3/4}\cdot\left(\frac{\nu}{\delta}\right)^{1/4}\cdot(T-T_w)=\alpha\cdot(T-T_w). \qquad (4)$$

α ist die Wärmeübergangszahl, die so auf physikalische Größen zurückgeführt ist.

2. Anwendung der Theorie auf die Verhältnisse im Verpuffungsmotor.

Um den Wärmeübergang im Verpuffungsmotor nach dieser Theorie errechnen zu können, muß zunächst Gleichung (2) integriert werden.

Diese ist leider so verwickelt aufgebaut, daß die Integration nur unter gewissen vereinfachenden Annahmen ausführbar ist. Um einen ersten Überblick zu erhalten, nehmen wir die Verpuffung als in der oberen Kolbentotlage schon erfolgt an, ohne daß hierbei eine Berthelotsche Explosionswelle aufgetreten wäre, die die Strömung unberechenbar beeinflussen würde. Wenn wir uns jetzt einen Zylinder mit nahezu zylindrischem Kompressionsraum vorstellen, ähnlich wie ihn der 45/60-PS-B.M.W.-Motor hat, so stellen sich die Strömungsverhältnisse folgendermaßen dar: Die Strömung wird, wenn wir jetzt von der Reibung absehen, wie das nach der Theorie von Kármán-Prandtl geschehen muß, während des Expansionstaktes nur von der Kolbengeschwindigkeit beeinflußt. Es kann sich daher nur in der Richtung der Zylinderachse eine Strömung ausbilden. Das Gas muß also am Zylinderkopf die Geschwindigkeit 0 haben, während am Kolben die Gasgeschwindigdigkeit $= c$ sein muß, da das Gas weder abreißen noch seitlich abströmen kann. Da für jeden Augenblick die Dichte an jedem Ort gleich groß ist, ergibt sich ohne weiteres aus der Kontinuitätsgleichung für die Zwischenstellen ein lineares Anwachsen von U vom Zylinderkopf bis zum Kolben nach der Formel

$$U = \frac{z}{l} \cdot c, \tag{5}$$

worin l die Summe von zurückgelegtem Kolbenweg + mittlerer Höhe des Kompressionsraumes ist, wenn letzterer als völliger Zylinder angenommen wird. Um nun die erwähnte Integration der Gleichung (2) zu ermöglichen, macht K. F. Herzfeld[7]) die vereinfachende Annahme, daß die Temperatur und Dichte des Gaskernes in jedem Augenblick überall dieselbe ist. Hierbei sind also die kleinen Dichteänderungen infolge des Druckgefälles [in den Formeln (2) und (3)] unberücksichtigt geblieben. Die Dichte hängt dann mit der Anfangsdichte in der oberen Totlage folgendermaßen zusammen:

$$\varrho = \varrho_0 \frac{l_0}{l}. \tag{6}$$

Setzt man die Gleichungen (1), (3), (5) und (6) zusammen in (2) ein und integriert dieselbe, so erhält man[7]) für die Dicke der Grenzschichte folgende Formel

$$\delta^{5/4} = \frac{5}{4} \cdot 0{,}42 \cdot \frac{l_{\max}}{c_m^{1/4}} \cdot \left(\frac{l_{\max}}{l_0}\right)^{1/4} \cdot \left(\frac{z}{l_{\max}}\right)^{3/4} \cdot \left(\frac{l}{l_{\max}}\right)^{-1{,}39} \cdot \left(\frac{c}{c_m}\right)^{-\frac{5}{4}} \cdot \int_{\frac{x''}{l_{\max}}}^{\frac{l}{l_{\max}}} \nu_0^{1/4} \cdot \left(\frac{l}{l_{\max}}\right)^{0{,}89} \cdot \frac{c}{c_m} \cdot \frac{dl}{l_{\max}}. \tag{7}$$

Hierin sind sämtliche Längen in cm, Geschwindigkeiten in cm/sek ausgedrückt.

Die in der unteren Grenze stehende Länge x'' ist durch die Stelle z, an der wir die Grenzschicht berechnen wollen, nach der Gleichung bestimmt

$$\log x'' = \log l + \frac{69}{13} (\log z - \log l)$$

und liegt zwischen z und l_0. Für Stellen, an welchen $x'' < l_0$, das heißt $z < z_0$ ist, ist als untere Grenze des Integrals $\frac{l_0}{l_{max}}$ einzusetzen. z_0 ist gegeben durch

$$\log l_0 = \log l + \frac{69}{13} (\log z_0 - \log l)$$

oder durch

$$\log z_0 = \log l + \frac{13}{69} (\log l_0 - \log l).$$

Die Stelle z_0 liegt zwischen dem Kolben (l) und der oberen Totlage (l_0). Sie ist, wie gesagt, der Wert von z, an dem $x'' = l_0$ wird, und ergibt sich jeweils aus dem oben angeführten Ausdruck.

Diese Formeln ergeben einen zu geringen Wärmeübergang und bedürfen daher noch einer kleinen Änderung. Wenn wir uns den Grund hierfür überlegen, sehen wir, daß wir zwar für die erste Näherung, keinesfalls aber für die endgültige Wärmebilanz den Einfluß vernachlässigen dürfen, den der Temperaturabfall des Gases in der Grenzschicht auf die Dichte in derselben ausübt. Da wir im Gaskern und in der Grenzschicht annähernd gleichen Druck voraussetzen, wozu uns die Indizierungen langsam laufender Motoren berechtigen, so muß sich die Dichte in der Grenzschicht umgekehrt wie die Temperatur verhalten. Wir erhalten daher für die Dichte ϱ an der Wand, welche nach Formel (4) für den Wärmeübergang in Betracht kommt, den zutreffenden Wert durch Multiplikation mit dem Ausdruck: $\frac{T}{T_w}$.

Diese Änderung der Dichte wird natürlich den Verlauf und die Dicke der Grenzschicht ändern. Infolge des geringen Einflusses der Grenzschichtdicke auf den Wärmeübergang, da dieselbe in der Potenz $-\frac{1}{4}$ vorkommt, brauchen wir der Undurchführbarkeit der Aufgabe, die dadurch erfolgte Änderung der Grenzschicht mathematisch zu erfassen, keine allzu große Bedeutung beizulegen, wofür uns sowohl die später erhaltenen Ergebnisse wie der im nächsten Absatz durchgeführte Vergleich mit einer empirischen Formel eine einwandfreie Bestätigung bieten. Wir erhalten somit für den Kühlwasserverlust durch Leitung während des Expansionstaktes den Ausdruck:

$$Q_0 = 0{,}028 \cdot C_v \cdot U^{3/4} \cdot \left(\frac{\mu}{\delta}\right)^{1/4} \cdot \left(\varrho \cdot \frac{T}{T_w}\right)^{3/4} \cdot (T - T_w), \qquad (4\mathrm{a})$$

wobei hier mit ϱ die jeweilige Dichte im Gaskern gemeint ist. Setzen wir jetzt die Ausdrücke für (5) und (6) ein, so finden wir:

$$Q_0 = 0{,}028 \cdot C_v \cdot \left(\frac{z}{l}\right)^{3/4} \cdot c^{3/4} \left(\frac{\mu}{\delta}\right)^{1/4} \cdot \left(\varrho_0 \cdot \frac{T \cdot l_0}{T_w \cdot l}\right)^{3/4} \cdot (T - T_w). \quad (4\text{b})$$

Auch hier sind alle Längen in cm und alle Geschwindigkeiten in cm/sek ausgedrückt.

Wenn wir es mit einem Motor zu tun haben, der keinen rein zylindrischen Kompressionsraum besitzt, sondern z. B. infolge Anordnung der Ventile an einer oder beiden Seiten einen seitlich ausladenden Verdichtungsraum aufweist, so müssen wir für diese Rechnung einen theoretischen rein zylindrischen Kompressionsraum annehmen, der den gleichen Inhalt hat wie der wirkliche. Allerdings müssen wir dann in Kauf nehmen, daß hierbei durch die zu gering angesetzte Oberfläche des Kompressionsraumes der Wert für den Wärmeübergang zu klein ausfällt, ferner, daß bei großen Querschnittsunterschieden im Verbrennungsraum in Wirklichkeit andere Strömungsgeschwindigkeiten auftreten, als wie wir sie berechnen, wodurch gleichfalls der Wärmeübergang beeinflußt wird. Einen komplizierteren Kompressionsraum als den zylindrischen können wir deshalb nicht berechnen, weil die formelmäßige Darstellung der Strömungen zu schwierig wäre.

Bei Motoren mit einfachen Verbrennungsräumen (wie z. B. der 45/60-PS-B.M.W., S. 86, 12/40-PS-Steyr, S. 88, 45-PS-Daimler, S. 88) müssen wir zwar auch den theoretischen, rein zylindrischen Kompressionsraum für unsre Rechnung einführen, die hierdurch gemachten Vernachlässigungen spielen in diesem Fall aber meist gar keine Rolle.

Den Wärmeübergang am Abschluß dieses angenommenen Zylinderkopfes und den am Kolben bestimmen wir auf eine andere Art, die wir später beschreiben werden, da ja die Grenzschichttheorie nur Werte bei einer relativen Strömung des Gases liefert und eine solche nach unserer Annahme nur an den Zylinderwänden vorhanden ist.

Wir wollen nun unsere auf rein theoretische Weise gewonnene Formel mit der empirischen von Nusselt in seiner Veröffentlichung[10]) in der Z. V. d. I. vom 21. VII. 1923 vergleichen.

Wenn wir seine Wärmeleitungsformel auf gcal, sek und cm^2 umrechnen und in unsrer Bezeichnungsweise schreiben, so lautet sie:

$$Q_0 = 0{,}00005 \cdot \left(\varrho_0 \cdot \frac{l_0}{l}\right)^{2/3} \cdot T \cdot (1 + 1{,}24\, c_m) \cdot (T - T_w), \quad (4\text{c})$$

worin c_m in m/sek ausgedrückt ist[1]).

Wir sehen in den Formeln (4b) und (4c) natürlich das Glied $T - T_w$. Der Faktor, in dem die Dichte (des Gaskernes) enthalten ist, ist infolge

---

[1]) Wir benutzen weiterhin meist gcal, um bequemere Zahlen bei den Vorgängen pro Hub zu erhalten.

der geringen Unterschiede in der Potenz praktisch als gleich anzusehen. Das Verhältnis $\frac{T}{T_w}$, das in (4b) noch bei der Dichte steht, dient zur Bestimmung der Dichte in der Grenzschicht, wie schon erwähnt wurde; das darin vorkommende $T^{3/4}$ entspricht dem T von Nusselt, ist also etwas kleiner als letzteres. Das im Nenner befindliche T_w kommt zur Konstanten bei Nusselt, da wir hierfür einen allgemeinen Mittelwert einführen können. Wir sehen also, daß in beiden Formeln die Abhängigkeit von der Temperatur die gleiche ist, und zwar nur dann, wenn wir die vorher erwähnte Annahme für ϱ machen.

Nusselt setzt für die Abhängigkeit von der Kolbengeschwindigkeit den Ausdruck $(1 + 1{,}24\, c_m)$, während wir die jeweilige Kolbengeschwindigkeit in der Potenz $\frac{3}{4}$ haben. Wenn wir bei unserer Formel anstatt c die Größe c_m (gleichfalls in m/sek) einführen würden, so würde unser Resultat nicht wesentlich geändert werden, da der Mittelwert von $c^{3/4}$ dem von $c_m^{3/4}$ sehr ähnlich ist. Unter dieser Voraussetzung erhalten wir:

c_m in m/sek	2	5	10
$(1 + 1{,}24\, c_m)$	3,5	7,2	13,4
$c_m^{3/4}$	1,7	3,4	5,6

Wir sehen, daß das Verhältnis der beiden letzten zu vergleichenden Ausdrücke anfänglich ungefähr gleich bleibt, nämlich etwa 2 ist, aber allmählich bei hohem c_m steigt.

Der Umrechnungsfaktor von $c^{3/4}$ in cm/sek bei uns in m/sek bei Nusselt in der Höhe von $100^{3/4} = 31{,}6$ erscheint dann in der Konstanten.

Zum weiteren Vergleich müssen wir die in unserer Formel (4b) noch stehenden drei weiteren veränderlichen Größen, nämlich C_v, die Grenzschichtdicke δ und die Zähigkeit μ durch Mittelwerte ersetzen. Der Wert von C_v kann im Mittel mit 0,25 cal/g angesetzt werden. Die Zähigkeit kann ebenso mit $5{,}5 \cdot 10^{-4}$ angenommen werden. Da sich diese beiden Größen hauptsächlich mit der Temperatur ändern, während die Zusammensetzung des Gemisches eine geringere Rolle spielt, so kommen wir mit der Annahme einer Mitteltemperatur und zwar 1800^0 C aus. Die Grenzschichtdicke ist, wie die gerechneten Beispiele beweisen, selbst für Motoren mit ganz verschiedenen Verhältnissen nicht sehr variabel und steht hier noch dazu in der 4. Wurzel, so daß die Annahme eines Mittelwertes für die Grenzschichtdicke $\delta = 3$ mm gerechtfertigt erscheint.

Der Mittelwert für den Ausdruck in (4b) $\left(\frac{z}{l}\right)^{3/4}$ von $z = 0$ bis $z = l$ ist allgemein $\frac{4}{7}$.

Um nun die beiden Formeln insgesamt vergleichen zu können, setzen wir die bisher erhaltenen Mittelwerte als Konstante in unsere Formel ein, ferner für das früher erwähnte $T_w^{3/4}$ $(T_w = 350^0$ abs.$) = 81{,}3$ und schließlich ersetzen wir unser T in der Potenz $\frac{3}{4}$ durch

$$\frac{T}{T^{1/4}}.$$

Bei einem Mittelwert von $T = 2070^0$ abs. ergibt der Nenner 6,75. Wir bekommen daher eine angenähert als Durchschnitt gültige Formel anstatt von (4b)

$$Q_0 = 0{,}00005 \cdot \left(\varrho_0 \cdot \frac{l_0}{l}\right)^{3/4} \cdot T \cdot c_m^{3/4} \cdot (T - T_w). \qquad (4\text{d})$$

c_m ist hier, wie oben erwähnt, in m/sek ausgedrückt.

Die Konstante ist gleich der von Nusselt, jedoch ist, wie erwähnt, unser die Kolbengeschwindigkeit enthaltender Faktor kleiner als derjenige von Nusselt. Wir können also durch die gute Übereinstimmung der beiden Formeln den Beweis als erbracht ansehen, daß in unserer Theorie die Begründung der empirischen Formel von Nusselt liegt, obwohl wir stets etwas kleinere Werte erhalten, was wir später erklären werden.

Da durch die theoretische Ableitung unsrer Formel eine größere Zahl von Einflüssen berücksichtigt werden konnte, ist unsere Formel (4b) schmiegsamer, allerdings nur für Verpuffungsmaschinen, während die Gültigkeit unsrer Theorie für Gleichdruckmaschinen hier nicht erörtert werden kann[1].) Möglicherweise sind dadurch, daß Nusselt auch Erfahrungen an Dieselmaschinen für seine Formel verwendet hat, in dieselbe Mittelwerte gekommen, die die Übereinstimmung der Formeln verschlechtern.

3. Durchrechnung von Beispielen.

A. De Dion Bouton-Motor.

a) Mechanische und thermische Grundangaben für den Versuchsmotor. Da infolge der hohen Kosten keine eigenen Versuche gemacht werden konnten, wurde zur Errechnung des ersten Beispieles der einzylindrige Motor von Dion-Bouton gewählt, an dem K. Neumann[8]) seine Versuche für die Arbeit „Untersuchung des Arbeitsprozesses im Fahrzeugmotor“ gemacht hat. Die nähere Beschreibung des Motors

---

[1]) Die hierzu nötige Untersuchung, ob durch die Einspritzung (sei es mit Luft oder kompressorlos) die von uns angenommenen Strömungsverhältnisse nicht geändert werden, fällt aus dem Rahmen dieser Arbeit.

ist im Anhang gegeben. Wir wählen für unsere Rechnung seine Versuchsnummer 43. Die Daten dieses Versuches sind:

Umlaufzahl/Minute	1399
Effektive Leistung	5,98 PS
Brennstoffverbrauch/Stunde	1,82 kg
Luftverbrauch/Stunde	22,82 m^3
Mischungsverhältnis L/L_{chem}	1,0
Stündl. Kühlwasserverbrauch	27,60 kg pro PS
Wärmeverbrauch/Stunde	18508 Cal
Effektive Leistung	3780 Cal = 20,4 %
Kühlwasser	6756 „ = 36,5 %
Abgase	7042 „ = 38,0 %
Restglied	930 „ = 5,1 %
Lieferungsgrad	56,8 %
Mittlerer effektiver Druck	4,08 Atm.
Temperatur des Gemisches vor dem Einlaßventil	4,8° C

Da die Versuche von K. Neumann zu einem andern Zweck als dem vorliegenden gedient haben, fehlen natürlich manche Angaben, die wir hier benötigen und deshalb erst rechnen oder auf Grund der praktischen Erfahrungen schätzen müssen. Selbst erhebliche Ungenauigkeiten dabei sind für uns aber bedeutungslos, da es ja im wesentlichen auf die Ermittlung des Verlaufes der Expansionslinie ankommt, die für die Verteilung der zugeführten Wärme maßgebend ist.

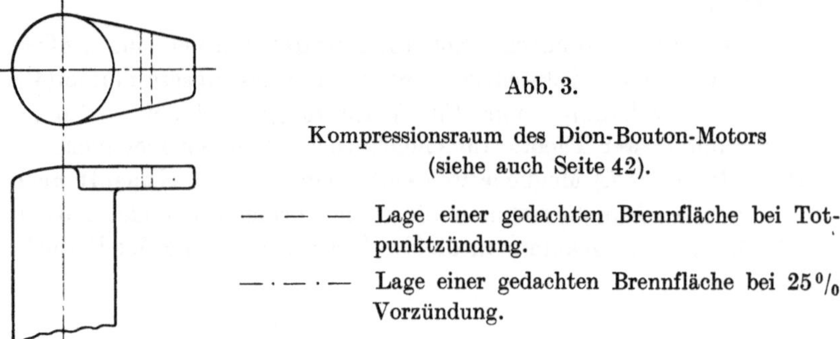

Abb. 3.

Kompressionsraum des Dion-Bouton-Motors (siehe auch Seite 42).

— — — Lage einer gedachten Brennfläche bei Totpunktzündung.

—·—·— Lage einer gedachten Brennfläche bei 25 % Vorzündung.

Aus der im Anhange befindlichen Beschreibung geht hervor, daß wir es hier mit einem Motor mit einem hängenden und einem stehenden Ventil, beide an einer Seite angeordnet, zu tun haben. Die Form und Ausbildung des dadurch entstehenden Verdichtungsraumes ist in Zeichnung 3 dargestellt.

Wir sehen daher, daß hier der auf Seite 9 geschilderte Fall eintritt und wir einen theoretischen, rein zylindrischen Kompressionsraum einführen müssen. Der Inhalt des Kompressionsraumes im Motor beträgt 285,6 cm^3, daher die Höhe des rein zylindrisch angenommenen theoretischen Kompressionsraumes 3,62 cm. Allerdings müssen wir bei dieser Annahme den Fehler in Kauf nehmen, daß die Oberfläche des angenommenen Kompressionsraumes $= 120$ cm^2 um 170 cm^2

kleiner ist als die wirkliche Fläche $= 290\ \mathrm{cm}^2$, so daß wir einen zu geringen Wert für den Wärmeübergang erhalten werden, wenn es uns nicht gelingt, diesen Fehler durch eine entsprechende Korrektur wieder auszugleichen.

Als Nächstes müssen wir uns über die Bewegungsverhältnisse des Kolbens klar werden, da die Strömung des Gases ja von dem jeweils herrschenden c abhängt. Wir müssen also die übliche Kurve der Kolbengeschwindigkeit auftragen, worin die mittlere Kolbengschwindigkeit $c_m = 5{,}60$ m/sek bei 23,32 Umdrehungen/sek beträgt. Die Darstellung dieser Kurve ist hier der Kürze wegen unterlassen worden.

Schließlich ist es später mehrfach nötig, darüber einen Überblick zu haben, wo sich der Kolben während des Expansionshubes zu bestimmten Zeiten befindet. Wir müssen daher den zurückgelegten Kolbenweg als Funktion der hierfür benötigten Zeit auftragen, was wir hier gleichfalls der Kürze wegen weglassen.

Nach der Untersuchung der mechanischen Verhältnisse im Motor, soweit es für unsere Rechnung nötig ist, wenden wir uns den weiteren Annahmen und vorbereitenden Berechnungen auf thermischem Gebiete zu. Bei $n = 1399$ und $B_e = 1{,}82$ kg/h und $L_e = 22{,}82\ \mathrm{m}^3/\mathrm{h} = 27{,}2$ kg/h ergibt sich ein Luftverbrauch für den Krafthub von 0,649 g und ein Benzinverbrauch von 0,0434 g, also ein Gewicht des angesaugten Gemisches von 0,6924 g. Vorläufig nehmen wir auf Grund der Terresschen Versuche[11]) ein Unverbranntes von $10\,^0/_0$ an, so daß bei einem $H_u = 10160$ Cal/kg bei jedem Explosionshub 0,4 Cal = 400,0 cal entwickelt werden, während 0,04 Cal durch unvollständige Verbrennung verloren gehen. Wir werden im Abschnitt II sehen, daß sich die Menge des Unverbrannten etwas geringer darstellt als wir jetzt annehmen.

Um nun das Gewicht der vollständigen Ladung zu erhalten, müssen wir noch die im Zylinder verbleibenden Rückstände errechnen. Da wir angenommen haben, daß die Verbrennung bereits beendet ist, wenn der Abwärtsgang des Kolbens beginnt, so können wir die Zusammensetzung der Rückstände und des durch den letzten Saugtakt eingeführten und daher bereits verbrannten Gases als gleich annehmen. Auf Grund der allgemeinen Erfahrung dürfte sich der Druck im Zylinder während des Auspufftaktes auf etwa 1,2 Atm. stellen, während die Temperatur der Abgase vor der Expansion ins Freie, also die Temperatur, wie sie auch die Rückstände haben, mit etwa $1100\,^0$ abs. geschätzt werden kann. Die Molzahl der Rückstände bestimmt sich aus der Gleichung $p \cdot v = R \cdot T \cdot$ Molzahl, daher in diesem Fall $\frac{p \cdot v}{R \cdot T} = \frac{1{,}2 \cdot 0{,}2856}{0{,}0821 \cdot 1100} = 0{,}003795$, wobei $R =$ konst. $= 0{,}0821$.

Wir stellen nun die Molzahl des jeweils durch den Ansaugtakt neu hinzugekommenen Gases nach der Verbrennung fest. Dann können wir das Verhältnis der Molzahlen und somit auch das der Gewichte des frisch angesaugten und verbrannten, bzw. unverbrannt gebliebenen Gases einerseits und des Rückstandes anderseits errechnen. Hieraus ergibt sich dann das Rückstandgewicht und das Gewicht der vollständigen Ladung.

Aus den Angaben der „Hütte"[12]) erhalten wir für unsere Benzinladung von 0,0434 g bei der Verbrennung mit 0,649 g Luft:

CO_2	0,1204 g
H_2O	0,05625 g
N_2	0,499 g

wenn wir 10% Unverbranntes annehmen und die Zusammensetzung der Luft 76,9% N_2 = 0,499 g und 23,1% O_2 = 0,15 g ist.

Die Gewichte der unverbrannten Bestandteile der Ladung errechnen sich wie folgt:

$$H_2 = H_2O \cdot \frac{2}{18} \cdot \frac{1}{10} = 0{,}000626 \text{ g}$$

$$CO = CO_2 \cdot \frac{28}{44} \cdot \frac{1}{10} = 0{,}00766 \text{ g.}$$

Auf gleiche Weise können wir das freibleibende O_2 bestimmen, nämlich zu:

0,0877 g	aus CO_2
0,050 g	aus H_2O
0,00438 g	aus CO
0,1421 g	in Verbindungen

vorhanden	0,15 g O_2
in Verbindungen	0,1421 g O_2
daher frei	0,008 g O_2

Die absolute Molzahl der Ladung ohne Rückstände bestimmt sich nun durch Division der Gewichte von CO_2, H_2O, N_2, H_2, CO und O_2 durch die entsprechenden Molekulargewichte und ergibt sich zu 0,02449.

Das Verhältnis Rückstand-Molzahl durch Ansaugladung-Molzahl ist daher $\frac{0{,}003795}{0{,}02449} = 0{,}155$.

Es sind daher in der vollständigen Zylinderladung $\frac{15{,}5}{1{,}155} = 13{,}5\%$ Rückstände enthalten.

Da uns nun die Molzahl der Ansaugladung sowie das Verhältnis Ansaugladung-Molzahl zu Rückstand-Molzahl bekannt ist, der Rückstand aber die gleiche Zusammensetzung haben muß wie die angesaugte Ladung nach der Verbrennung, so können wir leicht die einzelnen

Molzahlen des Rückstandes und die Gewichte der Bestandteile feststellen, da die entsprechenden Zahlen der Ansaugladung mit 0,155 zu multiplizieren sind.

Die Summe der Molzahlen der einzelnen Bestandteile der gesamten Ladung (Ansaugladung + Rückstand) ergibt sich zu 0,028287, das Gewicht der Ladung zu 0,799 g.

Ferner müssen wir uns über die Kompressionsarbeit und die Temperatur am Ende des Kompressionshubes Klarheit verschaffen.

Dazu müssen wir zuerst die mittlere Innenwandtemperatur des Zylinders bestimmen. Es ergibt sich bei einer Wärmeleitzahl von 56 Cal/h m²/°C aus der Fläche von 670 cm² und einer Wandstärke von 8 mm bei einem Wärmedurchgang von 6756 Cal/h und der Kühlwassertemperatur von 50° eine Innentemperatur von 65° C. Da außer der als Kühlwasserverlust gemessenen Wärme vom Motor auch noch durch Strahlung an die Außenluft Wärme abgeben wird, können wir überschlagsgemäß 70 bis 80° C annehmen[1]).

Die Kompressionsarbeit errechnet sich bei adiabatischer Kompression, die wir deshalb voraussetzen können, weil sich die Innenwandtemperatur etwa in der Mitte von Anfangs- und Endtemperatur hält, wie folgt:

$$\frac{T_2}{T_1} = \left(\frac{V_1}{V_2}\right)^{\varkappa - 1}.$$

Bei $\varkappa = 1{,}35$ und $T_1 = 300^0$ abs. ergibt dies ein $T_2 = 500^0$ abs. Hiermit erhalten wir die Kompressionsarbeit nach der Formel

$$L = \frac{P_1 \cdot V_1}{\varkappa - 1} \cdot \left(1 - \frac{T_2}{T_1}\right) = 33 \text{ cal pro Kompressionshub},$$

wenn wir als Anfangsdruck 0,6 Atm. annehmen, was sich aus dem Lieferungsgrad von 56% unter Berücksichtigung der Rückstände annähernd ergibt.

b) Berechnung der spezifischen Wärmen und der Gasreibung. Aus der Tabelle der spezifischen Wärmen c_v von Nernst in seinem Buch „Der neue Wärmesatz"[13]) werden die Werte für c_v pro Mol in Kurven aufgetragen, die hier nicht dargestellt sind. Diese Werte mit den zugehörigen Molzahlen multipliziert und dann addiert, ergeben die in Abb. 4 versinnbildlichte Kurve der spezifischen Wärme der gesamten Ladung als Funktion der Temperatur. Durch graphische Integration wurde nun aus dieser Kurve eine neue Kurve, nämlich T^0 abs. als

---

[1]) Wir nehmen dies als Durchschnittswert an, vernachlässigen also, daß das Kühlwasser kälter als 50 °C eintritt, und berücksichtigen auch eventuelle einzelne überkühlte oder überhitzte Stellen im Zylinder nicht (z. B. die nur mittelbar gekühlten Flächen wie die Ventile).

Funktion des Energieinhaltes in cal ermittelt, wobei von 250° C ausgegangen wurde. Diese Kurve ist in Abb. 5 abgebildet.

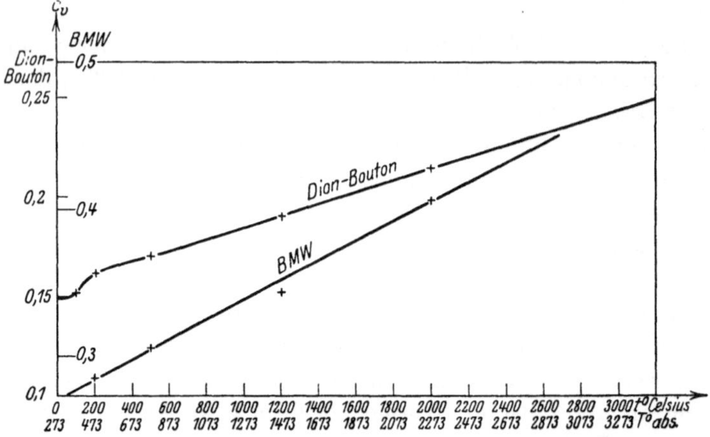

Abb. 4. c_v- der Ladung als f (T^0 abs.) De Dion Bouton und B.M.W. (siehe auch Seite 31)

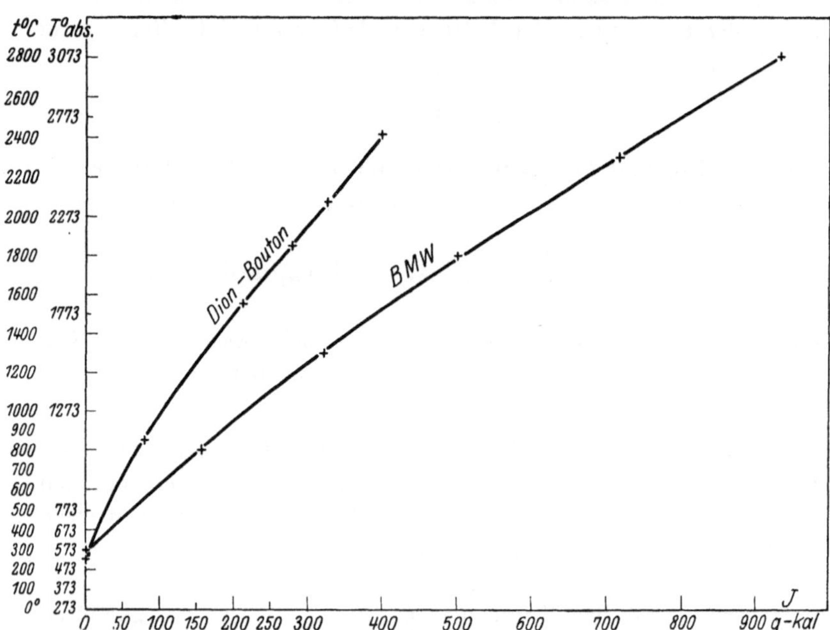

Abb. 5. T^0 abs. und t^0 C der Ladung als f (J gcal) De Dion-Bouton und B.M.W. (siehe auch Seite 31).

Da wir die Zähigkeitszahlen der Gase zur Berechnung der Grenzschicht benötigen, müssen wir uns ein Bild über ihre Abhängigkeit von der Temperatur verschaffen.

Aus der Formel von Sutherland[14]) für den Reibungskoeffizienten

$$\mu = \mu_0 \frac{1 + \frac{C}{273}}{1 + \frac{C}{T}} \cdot \sqrt{\frac{T}{273}}$$

wurde mit den in der Hütte angegebenen Werten die Zähigkeit für CO_2, N_2 und O_2 berechnet und graphisch aufgetragen. H_2 ist wegen seiner geringen Menge vernachlässigt, CO wurde zu N_2 gerechnet. Für Wasserdampf findet sich in der Hütte kein Wert „C". Derselbe wurde aus dem angegebenen Wert bei 0° und dem Wert bei 100°[15]) zu $C = 500$ bestimmt.

Um den Wert der Reibung für die gesamte Ladung zu erhalten, wurden nach der Mischungsregel die Einzelwerte mit den zugehörigen Molzahlen multipliziert und die Endsumme durch die Gesamtmolzahl geteilt.

Die so erhaltenen Werte wurden als die weiter benutzten in Abb. 6 in einer Kurve aufgetragen.

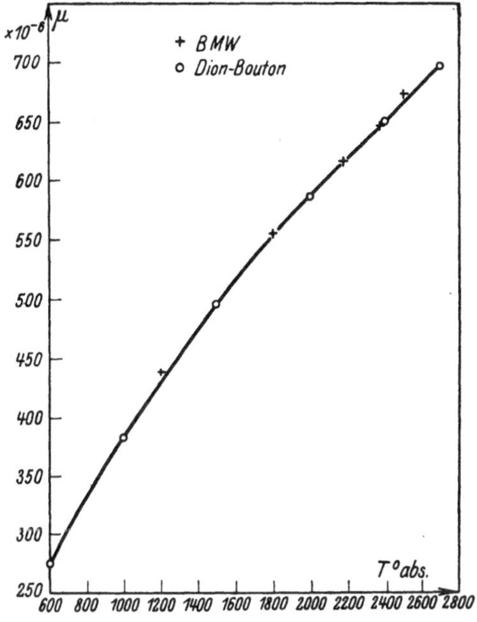

Abb. 6. Zähigkeitszahl μ der Ladung als $f(T^0$ abs.) De Dion Bouton und B.M.W.(siehe auch Seite 31).

Allerdings hat sich nach Untersuchungen aus dem Physikalischen Institut in Halle[16]) die nur teilweise Richtigkeit der Mischungsregel herausgestellt, in Ermangelung einer genaueren Berechnungsweise müssen wir uns aber mit ihr zufrieden geben, da die Abweichungen nicht allzu groß sind und der Einfluß kleiner Unterschiede in der Zähigkeit bei der Gestaltung der Grenzschicht kein übermäßig großer ist.

c) Berechnung der Grenzschicht. Unsere erste Aufgabe ist die Berechnung des Integrals in der Gleichung (7). Dieses lautet

$$\int_{\frac{x''}{l_{\max}}}^{\frac{l}{l_{\max}}} \left(\frac{l}{l_{\max}}\right)^{0,89} \cdot \frac{c}{c_m} \cdot \nu_0^{1/4} \cdot \frac{dl}{l_{\max}}.$$

Wir werden es in Hinkunft der Kürze wegen „K“ nennen. Seine Integration muß auf graphischem Wege erfolgen. Zu diesem Zwecke sind Reibungswerte nötig, die zu den verschiedenen Kolbenstellungen gehören und dazu brauchen wir die zugehörigen Temperaturen. Um diese zu erhalten, nehmen wir in erster Näherung adiabatische Expansion an. Dadurch erhalten wir zwar sicherlich zu hohe Temperaturen, für das Endresultat ist dies aber ohne Belang, da die Zähigkeitswerte unter dem Integralzeichen in der vierten Wurzel stehen und dieses selbst unter der fünften Wurzel in der Endformel steht. Es kann daher eine Änderung der Zähigkeit um $100\,\%$ höchstens einen Fehler von $3\,\%$ im Endresultat verursachen.

Zur Berechnung der Adiabate benutzen wir die Tatsache, daß nach Abb. 4 die spezifische Wärme in dem in Betracht kommenden Temperaturintervall zwischen 250 und 2700^{0} C nahezu linear ansteigt und sich durch die Formel darstellen läßt

$$c_v = c_0 + aT. \quad (8)$$

c_0 ergibt sich zu 0,1426 aus der Kurve, a zu 0,0000325. Die Gleichung der Adiabate erhält man dann folgendermaßen:

Die zugeführte Wärme muß bei einer Adiabate $= 0$ sein, daher

$$0 = c_v \cdot dT + P \cdot dV \quad (9)$$

Für c_v wird der Wert aus Gleichung (8) eingesetzt, für P der aus der Gasgleichung folgende Wert

$$\frac{R' \cdot T}{V},$$

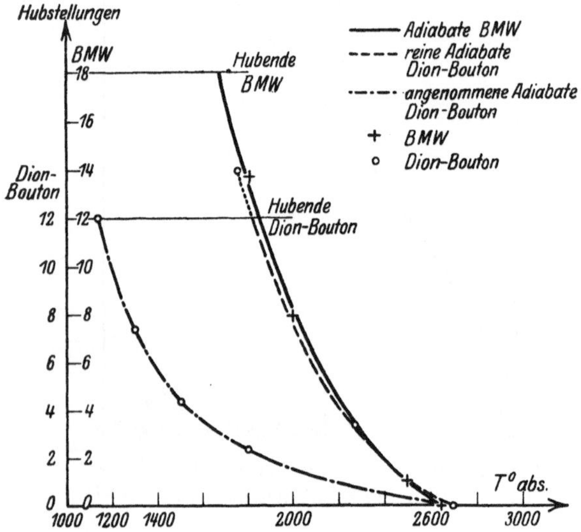

Abb. 7. Adiabate für De Dion Bouton und B.W.M. (siehe auch Seite 31).

worin R' die Gaskonstante $R \times$ Molzahl bedeutet. Um integrieren zu können, dividieren wir durch $R' \cdot T$ und erhalten:

$$0 = \left(\frac{c_0}{R' \cdot T} + \frac{a}{R'}\right) \cdot dT + \frac{dV}{V}. \quad (10)$$

Man integriert und ersetzt gleich die natürlichen Logarithmen der Bequemlichkeit halber durch die Briggschen. Wir erhalten daher

$$\log \frac{V}{V_0} = -\frac{c_0}{R'} \cdot \log \frac{T}{T_0} - 0{,}4343 \frac{a}{R'} \cdot (T - T_0). \quad (11)$$

Hiermit ist die Adiabate gegeben und in Abb. 7 dargestellt.

Wir haben aber weiterhin hier nicht wie sonst die reine Adiabate benutzt, weil dieser Motor einen außerordentlich großen Wärmeübergang zeigt, sondern wir haben dafür schätzungsweise eine Expansionslinie angenommen, deren Temperaturen mit den nach Nusselt errechneten recht gut übereinstimmen.

Die Explosionstemperatur ergibt sich aus Abb. 5, S. 16, zu 2400° C.

Die zur Auswertung des Integrals nötigen Werte von ν_0 erhalten wir, indem wir die in Abb. 6, S. 17, enthaltenen Werte für μ durch die Gasdichte in der oberen Totlage $\varrho_0 = 0{,}002795$ g/cm³ dividieren.

Wir bestimmen nun die Werte von $\nu_0^{1/4}$ für die einzelnen Kolbenstellungen, deren Kennziffern mit dem bis dorthin zurückgelegten Kolbenweg gleich sind. Die zugehörigen Temperaturen zur Bestimmung des jeweiligen μ, bzw. ν_0 entnehmen wir Abb. 7.

Wenn wir nun den Integranden

$$\left(\frac{l}{l_{\max}}\right)^{0,89} \cdot \frac{c}{c_m} \cdot \nu_0^{1/4}$$

für jede Kolbenstellung bestimmen, erhalten wir die Kurve in Abb. 8. Das Abfallen der Kurve an den beiden Enden folgt selbstverständlich aus dem Umstand, daß in den beiden Totlagen die Kolbengeschwindigkeit $= 0$ ist.

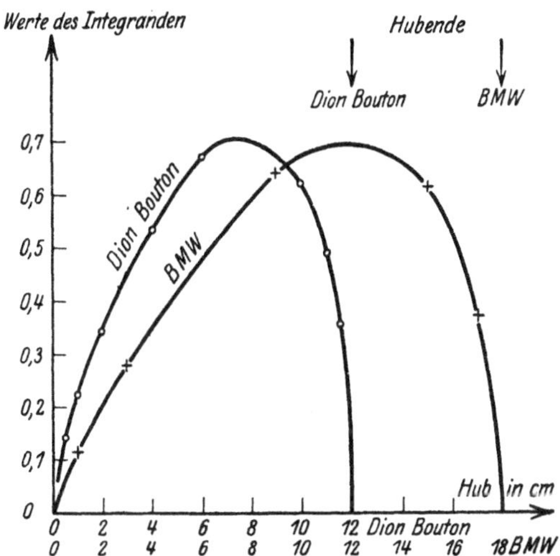

Abb. 8. Werte des Integranden über der Kolbenstellung. De Dion Bouton und B.M.W. (siehe auch Seite 31).

Diese Kurve wird nun abschnittsweise integriert und zwar am Anfang und Ende des Hubes in Stufen zu 0,5 cm, dazwischen zu 1 cm Kolbenweg.

Die Stufen am Anfang und am Ende des Hubes, insbesonders die ersteren, müssen mit Rücksicht auf den großen Einfluß dieser Stellen auf den Wärmeübergang kleiner als die Mittelstufen gewählt werden. Doch kommt man in der Praxis mit weitaus größeren Stufen (sowohl End- wie Mittel-) aus, wie beim nächsten Beispiel gezeigt werden wird.

Die erste Stufe wird nicht graphisch integriert, weil dies zu große Ungenauigkeiten ergeben würde, sondern nach den Näherungsformeln aus der Arbeit [7]) berechnet.

Werte des Integrals K.

Entfernung von der oberen Totlage an der unteren	Entfernung von der oberen Totlage an der oberen	Werte für K
Grenze des Integrals in cm		
0	0,5	0,00294
0,5	1	0,00602
1	2	0,01831
2	3	0,0251
3	4	0,0314
4	5	0,0368
5	6	0,0410
6	7	0,0441
7	8	0,0453
8	9	0,0448
9	10	0,0426
10	11	0,0357
11	11,5	0,0139
11,5	12	0,0075

Zur weiteren Rechnung erweist es sich als praktisch, über den Verlauf der Werte zweier Größen Tabellen anzufertigen (diese Tabellen werden hier nicht gebracht).

Diese Größen sind: $\left(\frac{z}{l_{\max}}\right)^{3/4}$, ferner der in Gleichung (7) auftretende Ausdruck:

$$\frac{5}{4}\,0{,}42\,\frac{l_{\max}}{c_m^{1/4}}\left(\frac{l_{\max}}{l_0}\right)^{1/4}\left(\frac{l}{l_{\max}}\right)^{-1{,}39}\left(\frac{c}{c_m}\right)^{-5/4} \tag{12}$$

Hierin ändern sich nur die beiden letzten Faktoren mit der Kolbenstellung, alle andern bleiben konstant. Wenn wir jetzt die Stärke der Grenzschicht für eine bestimmte Kolbenstellung, z. B. die Stellung 6 ($l = 6 + 3{,}62 = 9{,}62$ cm) rechnen wollen, und zwar für die Stelle der Grenzschicht $z = 8{,}7$, d. h. für eine Stelle, die 5,08 cm unter der oberen Totlage liegt, so entnehmen wir für $\left(\frac{z}{l_{\max}}\right)^{3/4}$ aus der Tabelle, die wir der Kürze wegen hier nicht bringen, den Wert für $z = 8{,}7$, das ist 0,645, ferner aus der Tabelle für den Ausdruck 12, die wir gleichfalls hier nicht bringen, den zu der betreffenden Kolbenstellung gehörigen Wert, in unserem Beispiel 2,62. Zur Ermittlung des Wertes von K müssen wir zuerst diejenige Größe x'' berechnen, die bei der Kolbenstellung 6 zur Stelle $z = 8{,}7$ gehört, und welche wir zur Bestimmung der unteren Grenze des Integrals brauchen. Wir finden x'' aus der Gleichung

$$\log x'' = \log z + \frac{56}{13}\cdot(\log z - \log l).$$

In unserem Falle ist $x'' = 5{,}62$ oder $3{,}62 + 2$, welcher Wert als untere Grenze des Integrals zu nehmen ist, während als obere Grenze $3{,}62 + 6$ (die Kolbenstellung) einzusetzen ist. Für unser Beispiel ist also in der Tabelle Seite 20 K von 2 bis 6 zu nehmen und ergibt $K_{2-6} = 0{,}134$. Diese drei Faktoren miteinander multipliziert ergeben:

$$\delta^{5/4} = 0{,}645 \cdot 2{,}62 \cdot 0{,}134 = 0{,}227.$$

Daher $\delta = 0{,}306$ cm oder 3,06 mm.

Zur Errechnung eines Punktes, dessen x'' kleiner ist als l_0 (= 3,62), ist für die untere Grenze von K der Wert 0 aus der K-Tabelle zu entnehmen. Wenn wir also für dieselbe Kolbenstellung die Stärke der Grenzschicht 2 cm über der oberen Totlage ($z = 3{,}62 - 2 = 1{,}62$ cm) errechnen wollen, so ist der erste Faktor = 0,1828, der zweite [Ausdruck (12)] bleibt unverändert, da er nur von der Kolbenstellung abhängt, während für K alle Stufen von der Grenze 0 bis zur Grenze 6 zu nehmen sind, das ist $K_{0-6} = 0{,}1613$. Das ergibt ein δ von 0,129 cm.

Die so gewonnenen Werte für die Stärke der Grenzschicht wurden in Abb. 9 für einige Stellungen aufgetragen.

Wir können aus dem Verlauf der Grenzschicht folgende Ergebnisse erwähnen: Am Abschluß unseres theoretischen Verdichtungsraumes herrscht keine Strömung, daher ist dort die Grenzschichtstärke = 0.

Im Verdichtungsraum und darüber hinaus im Hubraum nimmt δ langsam zu, da der erste der oben genannten drei Faktoren, nämlich $\left(\frac{z}{l_{max}}\right)^{3/4}$, wächst, je näher die von uns betrachtete Stelle der unteren Totlage ist; K bleibt dabei konstant, solange x'' kleiner als l_0 ist. Dieser Teil der Grenzschicht entspricht der Anlaufstrecke bei Kármán-Latzko.

Das Maximum tritt an der Stelle auf, an der der Wert von $x'' = l_0$ wird; es liegt stets im Hubraum und zwar relativ desto weiter vom Kolben, je weiter dieser von der oberen Totlage entfernt ist; wir bezeichnen die Stelle des Maximums mit z_0.

Unterhalb des Maximums wird K infolge Verkleinerung des Integrationsintervalles um so kleiner, je tiefer die von uns betrachtete Stelle im Zylinder liegt; da aber dabei der Faktor $\left(\frac{z}{l_{max}}\right)^{3/4}$ weiter steigt, so nimmt die Grenzschichtdicke δ nach ihrem Maximum anfangs nur langsam und erst in der Nähe des Kolbens rasch ab.

Wir können diesen Teil der Grenzschicht als negative Anlaufstrecke ansehen. Am Kolben endlich wird die Dicke der Grenzschicht wieder = 0, da die Grenzschicht eine gewisse Zeit zu ihrer Entwicklung braucht.

Unser Ansatz für die Stärke der Grenzschicht hat eigentlich nur für die ebene Platte volle Gültigkeit. Da aber die Stärken der Grenzschicht nicht sehr groß sind (sie bleiben bei diesem Beispiel unter 1,4 cm), so spielt diese Vernachlässigung der Krümmung der Zylinderwand (Radius = halbe Bohrung = 5 cm) gar keine Rolle. Auch beim nächsten Beispiel werden wir ein ähnliches Verhältnis von δ und Bohrung sehen.

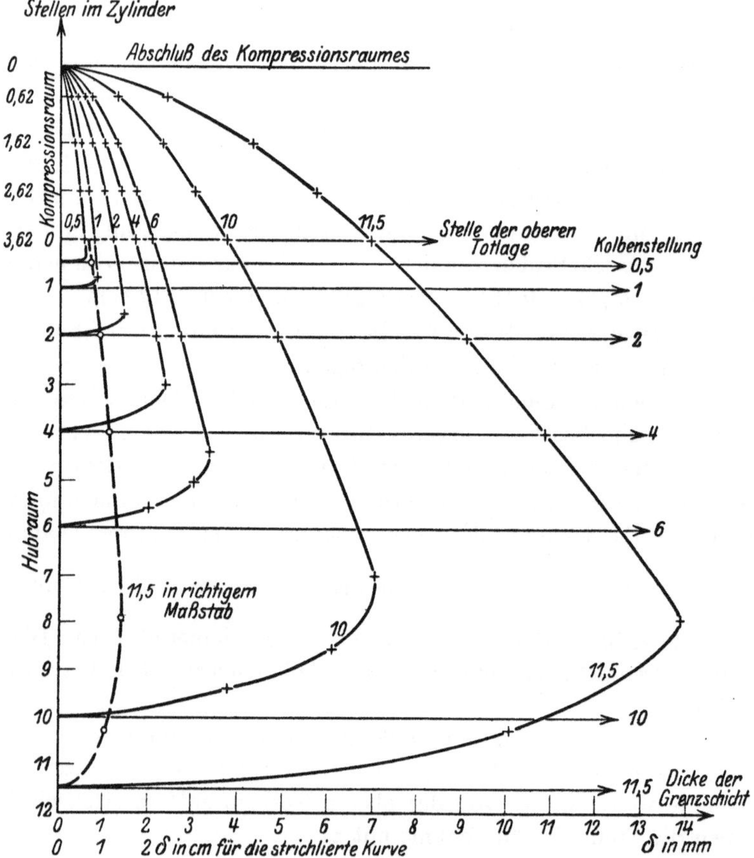

Abb. 9. Darstellung der Grenzschicht des Dion Bouton in verschiedenen Kolbenstellungen.

Da infolge des Maßstabes die Kurven verzerrt sind und daher die Maxima zu spitz erscheinen, ist die Grenzschicht für die Kolbenstellung 11,5 von der Stelle der oberen Totlage bis zum Kolben strichliert im richtigen Maßstabe aufgetragen.

d) Berechnung des Wärmeüberganges. Wir kommen nunmehr zur Berechnung des Wärmeüberganges. In Formel (4b) finden wir den Ausdruck für jede Stelle im Zylinder und jeden Zeitpunkt in g cal/sek cm². Wenn wir diesen mit dem Umfang des Zylinders (in cm) multiplizieren, so erhalten wir den Übergang in einem Streifen von 1 cm Höhe im Abstand z vom Zylinderkopf in g cal/sek.

Der Bequemlichkeit halber stellen wir nun den Wärmeübergang durch Leitung als das Produkt von zwei Faktoren dar und nennen diese S und H.

Der Faktor S ist nur von den bestimmenden Strömungsgrößen, der Faktor H nur von der augenblicklichen Temperatur abhängig.

Der Faktor S lautet also jetzt:

$$S = 0{,}028 \cdot 10 \cdot \pi \cdot \varrho_0 \cdot \frac{1}{0{,}799} \cdot c_m^{3/4} \cdot \left(\frac{l_0 \cdot z \cdot c}{l^2 \cdot c_m}\right)^{3/4} \cdot \frac{1}{\delta^{1/4}}.$$

Der Faktor H setzt sich folgendermaßen zusammen:

$$H = c_v \cdot \nu_0^{1/4} \cdot \left(\frac{T}{T_w}\right)^{3/4} \cdot (T - T_w).$$

Beim Ausdruck für S stellt der Faktor 10 die Bohrung dar, während der im Nenner stehende Wert 0,799 das Ladungsgewicht bedeutet. Letzteres tritt deshalb auf, weil wir in H die spezifische Wärme der ganzen Ladung c_v statt der für 1 g $= C_v$ (wie in Formel (4b)) geschrieben haben.

Wir errechnen jetzt die Werte von S für jede Kolbenstellung und dazu für jede Stelle im Zylinder und tragen die so gewonnenen Werte in Kurven auf (Abb. 10).

Durch graphische Integration derselben (mit den nachstehenden Einschränkungen) bestimmen wir nun den neuen Faktor F_s, der das Integral von S vom Kolben bis zum Zylinderkopf ergibt.

Dieses F_s, mit dem zugehörigen H multipliziert, liefert uns den gesamten Wärmeübergang durch Leitung bei der jeweiligen Kolbenstellung pro Sekunde.

Am Kolben selbst können wir die Werte von S wegen der asymptotischen Gestalt der diese Größe darstellenden Kurven nicht auftragen, sondern rechnen nach der Formel [vgl. Arbeit [7]]:

$$\int_{z'}^{l} S \cdot dz = \frac{5}{4} \cdot S' \cdot \frac{l - x''}{5{,}3}\left(1 + \frac{l - x''}{l}\right). \tag{13}$$

x'' bedeutet hierbei denjenigen Wert, der zu der Stelle z' gehört, an welcher unsere Kurven in Abb. 10 oberhalb des Kolbens enden; es berechnet sich aus z' nach der Formel

$$\log x'' = \log z' + \frac{56}{13}(\log z' - \log l),$$

z. B. ist in Abb. 10 bei der Kolbenstellung 6 $z' = 9{,}21$ cm, das zugehörige $x'' = 7{,}62$ cm, S' ist der Wert von S an dieser Stelle.

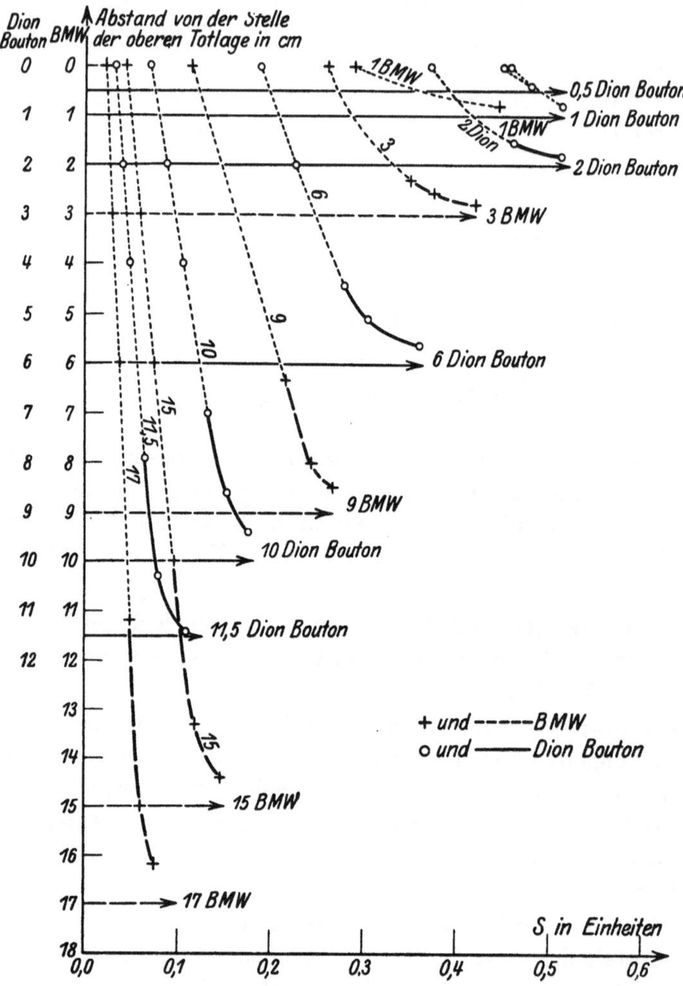

Abb. 10. S-Kurven für den Dion Bouton und den B.M.W. bei verschiedenen Kolbenstellungen. (Durch Horizontalstriche mit Pfeil bezeichnet.) (Siehe auch Seite 33.)

Die Teile der Kurven, bei denen $x'' < l_0$ ist (siehe Seiten 8 und 21), sind dünn strichliert gezeichnet.

Für Stellen, für welche x'' kleiner ist als l_0, d. h. für welche $z < z_0$, also auch $\log z$ kleiner ist als $\log z_0 = \log l + \frac{13}{69} (\log l_0 - \log l)$, sind die Kurven nur bis zur Stelle der oberen Totlage und zwar dünn strichliert eingetragen, da wir sie hier gleichfalls nicht graphisch integrieren, sondern den Wert des Integrals durch folgende Formel darstellen [vgl. Arbeit [7])].

$$\int_0^{z_0} S \cdot dz = \frac{5}{8} \cdot z_0 \cdot S_0. \qquad (14)$$

z_0 ist bereits erklärt worden, während S_0 den Wert von S an der Stelle $z = z_0$ für die jeweilige Kolbenstellung bedeutet.

Um der Verringerung der Oberfläche bei unserem theoretischen, rein zylindrischen Kompressionsraum Rechnung zu tragen (vgl. Seite 12), multiplizieren wir noch den Teil des Ausdrucks (14), der vom Kompressionsraum herrührt, mit dem Verhältnis der wirklichen und der theore-

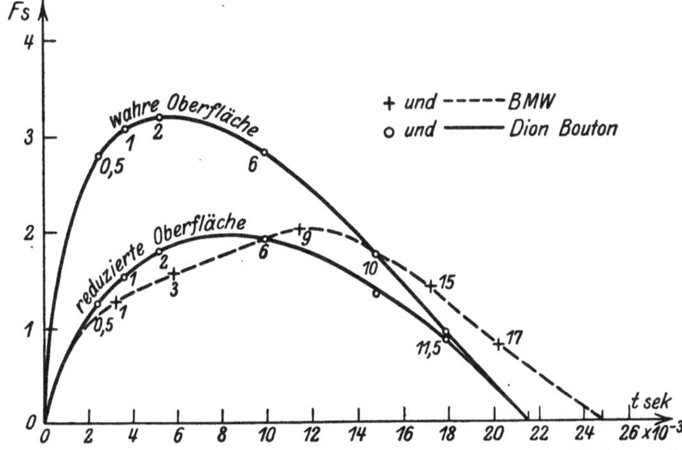

Abb. 11. F_s als f (t sek). (Mit Bezeichnung der verschiedenen Kolbenstellungen.) De Dion Bouton und B.M.W. (siehe auch Seite 33).

Die reduzierte Oberfläche ist die Oberfläche des angenommenen, rein zylindrischen Kompressionsraumes beim Dion Bouton.

tischen Oberfläche, das ist $\frac{290}{120}$. Wir erhalten somit für den Ausdruck (14)

$$\frac{5}{8} \cdot S_0 \left(\frac{290}{120} \cdot l_0 + z_0 - l_0 \right).$$

In Abb. 11 sind die so gewonnenen Werte für F_s über der zugehörigen Zeit aufgetragen, welch letztere wir der hier weggelassenen Kurve der Kolbenstellungen über der Zeit entnommen haben.

Wir tragen dann noch den Temperaturfaktor H über der Temperatur auf (Abb. 12).

Um nun die Wärmebilanz aufzustellen, müssen wir folgenden Vorgang einhalten:

Wir stellen aus dem Energie-Inhalt die Temperatur fest, die in der oberen Totlage herrscht, da wir ja vorläufig augenblickliche Verbrennung in derselben angenommen haben. Für unsern Fall ist dies nach Abb. 5, Seite 16 2700° abs.

Wir errechnen nun die Energie-Abgabe vom Moment der oberen Totlage angefangen bis zur nächsten von uns betrachteten Kolbenstellung, in unserm Fall Stellung 1, und setzen diesen Vorgang von einer Stellung zur nächsten weiter fort, da wir durch die schrittweise Errechnung die in jeder Kolbenstellung noch vorhandene Energie und damit auch die Temperatur bestimmen können.

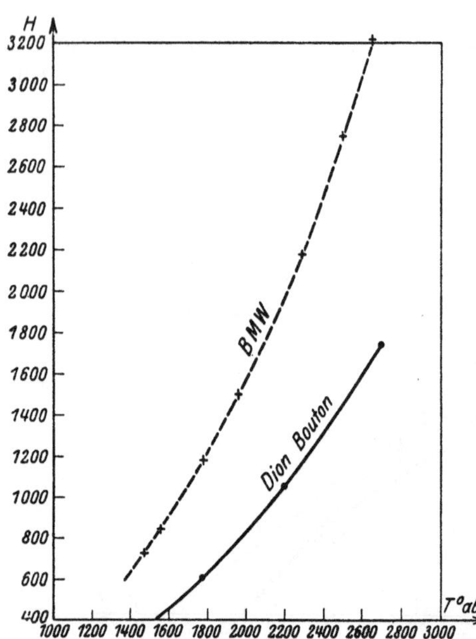

Abb. 12. Temperaturfaktor H als $f(T^0$ abs.) De Dion Bouton und B.M.W. (siehe auch Seite 33).

Diese Energie-Abgabe setzt sich aus folgenden Größen zusammen:

Geleistete Expansionsarbeit, Wärmeübergang durch Leitung und durch Strahlung.

Im übrig bleibenden Restglied ist dann die Auspuffwärme und das Unverbrannte enthalten.

Da wir den Vorgang in viele kleine Stufen zerlegen, sind wir der Notwendigkeit überhoben, für den Verlauf der Expansionslinie bestimmte Annahmen zu machen.

Wir können vielmehr die Arbeit für ein Wegteilchen nach der Formel: Molzahl $\times \frac{R \cdot T}{V} \Delta V$ berechnen und führen jeweils die berechneten Anfangstemperaturen bei dem betrachteten Wegteil ein. Auf diese Art ist es möglich, den Verlauf der Expansionslinie zu bestimmen.

Zur Erläuterung wollen wir die erste Stufe hier durchrechnen. Sie beginnt bei der oberen Totlage und geht bis zur Stellung 1.

Die Arbeit ermittelt sich aus:

$$\text{Molzahl} \times R \cdot T \cdot \frac{\Delta V}{V} = 0{,}028287 \cdot 2 \cdot 2700 \cdot \frac{1}{4{,}12} = 37{,}5 \text{ g cal},$$

worin wir für $\frac{\Delta V}{V}$ das Verhältnis des zwischen beiden betrachteten Kolbenstellungen zurückgelegten Weges (hier = 1 cm) zur mittleren Entfernung der beiden Stellungen vom oberen Ende des Verdichtungsraumes einsetzen. (Hier $\frac{1}{2}$ (3,62 + 4,62) = 4,12 cm.) Die Gaskonstante R ist hier = 2 cal/Grad.

Die Wärmeabgabe der Verbrennungsgase durch Strahlung berechnen wir aus der Formel von Nusselt, welche, auf g cal/sek cm² umgerechnet, folgendermaßen lautet:

$$Q_s = 10^{-5} \cdot F \cdot \left(\frac{T}{100}\right)^4, \qquad (15)$$

wobei wir die Rückstrahlung der Wand als äußerst gering vernachlässigt haben.

Die Strahlung für unsere jetzt gerechnete Stufe ist also $Q_s = 10^{-5} \cdot 400 \cdot \left(\frac{2700}{100}\right)^4$, welchen Ausdruck wir noch mit der Zeit, die der Kolben von Stellung 0 bis 1 braucht, zu multiplizieren haben, nämlich 0,0036 sek. Dies ergibt als Wärmestrahlung in diesem Abschnitt 7,6 g cal.

Zur Berechnung der Wärmeleitung entnehmen wir der Abb. 12 den zu 2700° abs. gehörigen Temperaturfaktor $H = 1746$. Diesen multiplizieren wir mit dem zugehörigen Wert von F_s und der entsprechenden Zeit. Dieses letztere Produkt erhalten wir durch graphische Integration der F_s-Kurve in Abb. 11 zwischen den Kolbenstellungen 0 und 1. Seine Größe ist 0,00873, was einen Leitungsübergang von 15,3 g cal bedeutet.

Im Augenblick der Stellung 1 ist daher der Energie-Inhalt des Gases von seinem Anfangswert 400 cal (vgl. Seite 13) gesunken um:

$$37{,}5 + 15{,}3 + 7{,}6 = 60{,}4 \text{ cal};$$

er beträgt daher nur noch 339,6 g cal, was nach Abb. 5, S. 16, eine Temperatur von 2423° abs. ergibt.

Die weitere Fortsetzung dieser Berechnung zeigt die nachstehende Tabelle. Zu dieser ist zu bemerken, daß sich Q_s auf eine Sekunde bezieht, daher noch mit der Zeit multipliziert werden muß, um W_s zu erhalten, da sich W_s und W_l bereits auf eine bestimmte Zeitdauer beziehen (vgl. oben).

Kolbenstellung	Temperatur ° abs.	Zeit in $^1/_{1000}$ sek	$\int F_s \cdot dt$ × 1000	H	Fläche für W_s cm²	W_s in g cal	W_l in g cal	N_g in g cal	Energie-Inhalt cal
0	2700			1746					400
bis		3,6	8,73		400	7,6	15,3	37,5	
1	2423			1330					339,6
bis		1,6	5,03		432	7,6	6,7	27,0	
2	2233			1080					298,3
bis		4,7	14,22		558	6,5	15,4	66,0	
6	1793			620					210,4
bis		5,0	11,65		684	3,5	7,2	35,7	
10	1563			415					164
bis		6,6	5,76		747	3,0	2,4	12,2	
12	1470								146,4
						28,2	47,0	178,4	146,4

N_g stellt die während des ganzen Expansionshubes geleistete Arbeit dar, von der jetzt noch die Kompressionsarbeit abzuziehen ist, um N_i zu erhalten. Letztere muß dafür zum Energie-Inhalt der Abgase zugezählt werden, zu welchem auch noch der Wärmewert des Unverbrannten kommt.

Die Wärmebilanz ist daher:

$$\begin{aligned} N_i:&\quad 178{,}4 - 33 = 145{,}4 \text{ cal} = 33{,}1\,\% \\ W_s + W_l:&\quad 28{,}2 + 47 = 75{,}2 \text{ cal} = 17{,}1\,\% \\ \text{Abgaswärme:}&\quad 146{,}4 + 33 + 40 = 219{,}4 \text{ cal} = 49{,}8\,\% \\ &\quad 440 \text{ cal} \end{aligned}$$

Bevor wir in eine Diskussion des Resultates eingehen, wollen wir zuerst noch den Motor nach der Formel von Nusselt durchrechnen. Nach Einsetzen der Versuchszahlen erhalten wir daraus für die Leitung

$$8{,}8 \cdot 10^{-6} \cdot \left(\frac{l_0}{l}\right)^{2/3} \cdot T \cdot (T - T_w) \times \text{Fläche} \times \text{Dauer}.$$

Kolben-stellung	Temperatur ⁰ abs.	Zeit	Fläche cm^2	W_s	W_l (in g cal)	N_g	Energie-Inhalt g cal
0	2700						400
bis		3,6	400	7,6	68,0	37,5	
1	2140						287
bis		1,6	432	1,5	18,0	23,8	
2	1950						244
bis		4,7	558	3,8	37,5	58,4	
6	1450						144
bis		5,0	684	1,5	19,6	28,4	
10	1220						94,5
bis		6,6	747	1,1	17,5	9,5	
12	750						66,5
				15,5	160,6	157,6	66,5

Die Wärmebilanz nach Nusselt ergibt sich daher zu:

$$\begin{aligned} N_i:&\quad 124{,}6 \text{ cal} = 28{,}3\,\% \\ W_s + W_l:&\quad 176{,}1 \text{ cal} = 40{,}0\,\% \\ \text{Abgaswärme:}&\quad 139{,}5 \text{ cal} = 31{,}7\,\% \end{aligned}$$

Den Vergleich dieser Ergebnisse aus den beiden Formeln untereinander und mit den Versuchswerten sowie die nähere Besprechung wollen wir später vornehmen, nachdem wir einen andern Motor mit völlig geänderten Konstruktionsverhältnissen ebenfalls nach beiden Formeln durchgerechnet haben werden.

B. 45/60-PS-Motor der Bayrischen Motorenwerke.

a) Mechanische und thermische Grundangaben für den Versuchsmotor. Für das nächste Beispiel wurde der 45/60-PS-B.M.W.-Motor gewählt, dessen allgemeine Beschreibung gleichfalls im Anhange ersichtlich ist. Die Versuchswerte stammen aus dem Laboratorium für Wärmekraftmaschinen der Technischen Hochschule in München. Die Versuche hatten als Unterlagen für das Praktikum dortselbst im Wintersemester 1921/22 gedient.

Wir wählen den im genannten Praktikum mit Nr. 31 bezeichneten Versuch.

n		1209
N_e		48,9 PS
Benzinverbrauch/h		10,88 kg, daher pro Zylinder 2,72 kg
Luftverbrauch/h**)		170,1 m³, „ „ „ 43,53 kg
Mischungsverhältnis**)		1 : 16
Wärmeverbrauch/h*)		109.500 Cal, daher pro Zylinder 27.375 Cal
N_e*)		30.900 Cal = 28,2 %, daher pro Zyl. 7725 Cal
Kühlwasserwärme*)		18.200 Cal = 16,6 %, „ „ „ 4550 Cal
Abgastemperatur		450 ° C
Abgaszusammensetzung**)	H_2O	15,7 kg/h, pro Zylinder 3,924 kg
	CO_2	37,8 kg/h, „ „ 9,45 kg
	N_2	131,5 kg/h, „ „ 32,88 kg
Abgaswärme daraus**)		21.920 Cal/h = 20 %, pro Zylinder 5480 Cal
Restglied		38.480 Cal/h = 35,2 %, „ „ 9620 Cal
Lieferungsgrad**)		58 %
Gemischtemperatur vor dem Ventil		21 ° C
Volle Vorzündung		

Die mit *) bezeichneten Werte sind unmittelbar aus den Versuchswerten gerechnet.

Die mit **) bezeichneten Werte wurden vom Verfasser anläßlich dieses Praktikums folgendermaßen ermittelt:

Der obige Versuch wurde mit einem Vergaser gemacht, dessen Bauart eine Luftberechnung nach den Düsenformeln nicht gestattete. Ein anderer unvollständiger Versuch mit einem rechnerisch erfaßbaren Vergaser der B.M.W. ergab bei den beim Versuch gefundenen Zahlen Übereinstimmung mit den Versuchsergebnissen des ersten Vergasers (Leistung, Benzinverbrauch, Tourenzahl usw.). Für diesen Versuch mit dem B.M.W.-Vergaser wurde die Luftmenge nahezu übereinstimmend aus den Düsenformeln der Hütte und der „Experimentalformel" von Professor Dr. Loschge[17]) errechnet. Infolge der vorher genannten als gleichwertig anzusehenden Verhältnisse konnte ohne weiteres auch das Mischungsverhältnis als gleich angesprochen werden. Der beim ersten Vergaser eintretende Luftverbrauch wurde daher aus dem nun bekannten Mischungsverhältnis bestimmt.

Wir haben diesen Motor zu unserer Rechnung gewählt, weil er, wie die Beschreibung zeigt, einen für unsere Theorie geradezu idealen Verbrennungsraum zeigt, der nahezu zylindrisch ist. Auch ist uns seine Untersuchung nach unserer Theorie wegen seines gegenüber dem Dion Bouton wesentlich größeren Hubverhältnisses und seiner überaus hohen Verdichtung von 1 : 6,14 interessant.

Das Kompressionsverhältnis von 1 : 6,14 ergibt für unseren theoretischen rein zylindrischen Kompressionsraum eine Höhe von 35 mm, welche mit der mittleren Höhe des nahezu zylindrisch ausgeführten wirklichen Kompressionsraumes völlig übereinstimmt.

Wir müssen uns nun hier ebenso wie beim Dion Bouton zuerst die Kurve der Kolbengeschwindigkeiten auftragen, die jedoch hier weggelassen wurde. Die mittlere Kolbengeschwindigkeit beträgt bei unserm Versuch 7,26 m/sek.

Ferner müssen wir uns (hier auch weggelassen) die Kolbenstellungen als f (Zeit) auftragen.

Der Gesamtwärmeverbrauch für den Hub beträgt 754 g cal. Hiervon entfallen auf die effektive Leistung 213 g cal.

Das Ladungsgewicht ohne Rückstände, also Ansauggewicht, bestimmt sich zu 1,276 g pro Hub.

Die Zusammensetzung der verbrannten Ladung ohne Rückstände stellt sich folgendermaßen dar:

N_2:	0,908 g,	daher Molzahl	= 0,0324
CO_2:	0,260 g	„ „	= 0,0059
H_2O:	0,108 g	„ „	= 0,006
	1,276 g		0,0443

Wir nehmen hier vollständige Verbrennung an, da wir hier im Gegensatz zu den Versuchen bei Terres[11]) die Ergebnisse der Doktorarbeit von Strombeck in Braunschweig über die „Untersuchung an Automobilmotoren“[9]) anwenden können, der bei Zweifunkenzündung und hohen Gemischtemperaturen (die hier infolge hoher Kompression auftreten) verschwindend kleine unverbrannte Mengen feststellte (0,4 bis 3,2 % bei Vollast wie bei uns).

Die Rückstände werden wie beim Dion Bouton errechnet und ergeben 0,0053 Mol, das sind rund 12 % des angesaugten Gemisches. Die gesamte Molzahl der Ladung ist daher 0,0496, das gesamte Ladungsgewicht 1,43 g. Die Dichte in der oberen Totlage ist daher 0,00361.

Die Kompressionsarbeit ermittelt sich nach Errechnung der Kompressionsendtemperatur zu 570° abs. zu 86,8 g cal/Hub.

Die Wandtemperatur bleibt nahezu die gleiche wie beim Dion, da die Kühlwassertemperaturen ebenfalls um 50° C bleiben und die Wandstärke $\simeq$ 7 mm ist. Es ergibt dies eine Wandtemperatur von 350° abs.

b) Berechnung der spezifischen Wärmen und der Gasreibung. Die spezifischen Wärmen des Gemisches wurden ebenfalls nach den Werten von Nernst ermittelt und sind in der Abb. 4, S. 16, für die gesamte Ladung dargestellt. Der Energie-Inhalt ist in Abb. 5, S. 16, abgebildet und zwar von der Kompressionsendtemperatur anfangend.

Da sich die Zähigkeit des Gemisches bei den geringfügigen Änderungen in der Zusammensetzung, wie sie bei uns vorkommen, nur ganz unwesentlich ändert, ergab sich bei der jetzigen Rechnung nur ein unmerklicher Unterschied gegenüber der Abb. 6, S. 17, so daß dieselbe auch für diesen Versuch unverändert beibehalten werden konnte.

c) Berechnung der Grenzschicht. Zur Berechnung der Adiabate zur Ermittlung der jeweiligen Zähigkeit benutzen wir dieselbe Formel wie beim Dion Bouton. Der Verlauf der spezifischen Wärme läßt sich aus Abb. 4 in folgender Formel ausdrücken:

$$c_v = 0{,}263 + 0{,}0000672 \cdot T \tag{8'}$$

Damit errechnet sich die in Abb. 7, S. 18, abgebildete Adiabate. Wir entnehmen in diesem Falle die Temperaturen zur Feststellung der Zähigkeit bei der Berechnung der Grenzschicht direkt der Adiabate, da sich hier die Leistung als außerordentlich groß gegenüber den Kühlwasserverlusten darstellt. Wir können in der Praxis diesen Vorgang auch später immer beibehalten, da eine Verdoppelung der Zähigkeitswerte, die erst bei einer Verdreifachung der Temperatur eintritt (vgl. Abb. 6), unter dem ganzen Integral K nur 3% im Wärmeübergang ändert. Der in Wirklichkeit verursachte Fehler kann aber nur einen verschwindenden Bruchteil davon betragen.

Im weiteren Verlaufe der Rechnung werden wir nicht mehr auf ihre Einzelheiten eingehen, da sie ganz analog der Berechnung des Dion Bouton durchgeführt wurde. Wir werden uns darauf beschränken, Abbildungen und bestimmte Zahlenangaben unter Weglassung aller Formeln zu bringen.

Der Integrand ist in Abb. 8, Seite 19, dargestellt und graphisch integriert. Für das Integral K erhalten wir folgende Tabelle:

Entfernung von der oberen Totlage an der unteren Grenze des Integrals in cm	Entfernung von der oberen Totlage an der oberen Grenze des Integrals in cm	Werte für K
0	1	0,00333
1	3	0,0178
3	9	0,134
9	15	0,185
15	17	0,0474
17	18	0,0093

Der Verlauf der Grenzschicht ist in Abb. 13 dargestellt. Wir können daraus ersehen, daß selbst bei Motoren von so verschiedener Bauart

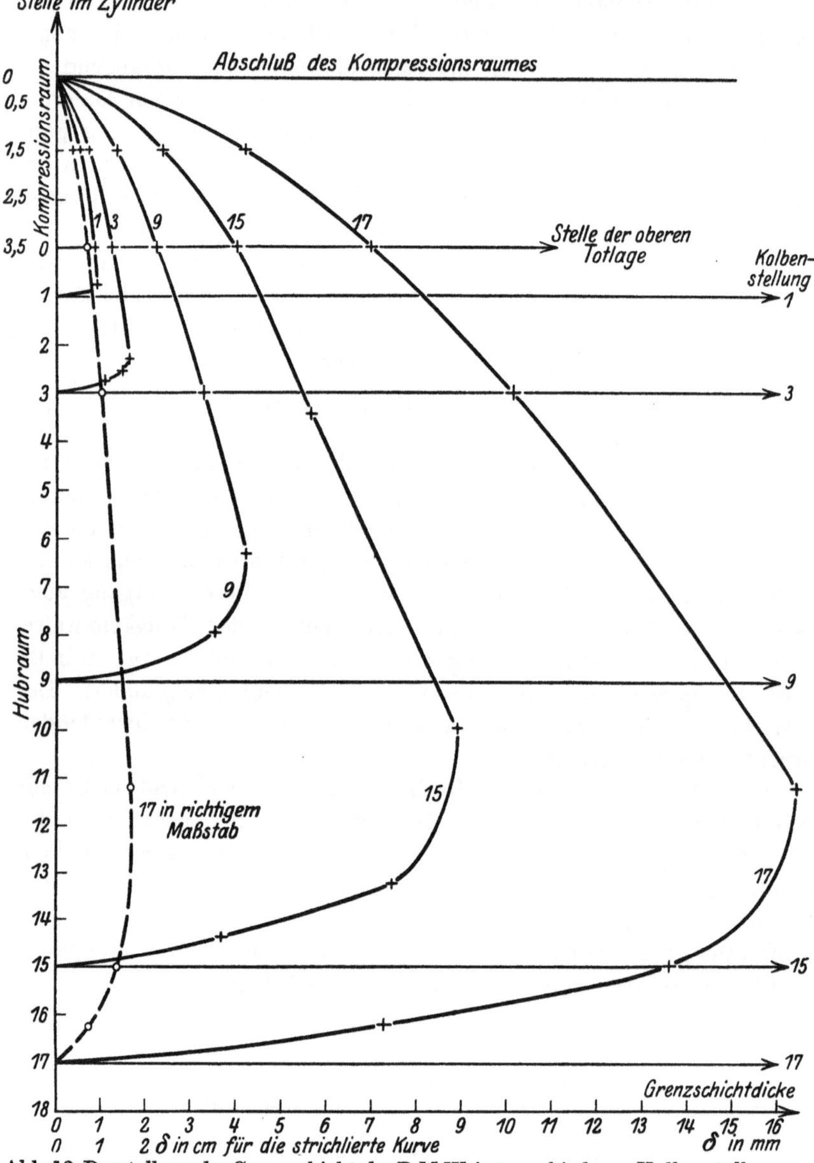

Abb. 13. Darstellung der Grenzschicht des B.M.W. in verschiedenen Kolbenstellungen. Da durch den Maßstab die Kurven verzerrt sind und die Maxima dadurch zu spitz erscheinen, ist die Grenzschicht für die Kolbenstellung 17 strichliert im richtigen Maßverhältnis dargestellt.

wie B.M.W. und Dion Bouton die Grenzschichten einander sowohl in der allgemeinen Gestalt wie in der Dicke sehr ähnlich sind. Unsre

Annahme einer mittleren Grenzschichtstärke als Durchschnittswert beim Vergleich mit der Formel von Nusselt (Seite 10) erscheint hierdurch vollauf berechtigt.

Die Erscheinung, daß der B.M.W. etwas größere Grenzschichtstärken aufweist als der Dion Bouton, können wir uns durch den längeren Hub des ersteren erklären.

d) Berechnung des Wärmeüberganges. Zur Errechnung des Wärmeüberganges bestimmen wir nun in gleicher Weise wie unter A. die Werte von S und tragen sie in Kurven für die verschiedenen Kolbenstellungen auf, was in Abb. 10, Seite 24, dargestellt ist. Die Kurven sind auch hier nur bis zum Beginn des Kompressionsraumes gezeichnet, da wir die von ihnen eingeschlossene Fläche bei ihrem Verlauf im Kompressionsraum wie früher gesondert errechnen. Das gleiche ist an dem andern Ende der Kurven unmittelbar über dem Kolben der Fall.

Durch graphische Integration dieser S-Kurven erhalten wir nun, wie bereits besprochen, die Kurve der Werte von F_s, die über der zugehörigen Zeit aufgetragen sind (Abb. 11, Seite 25). Ebenso wie beim Dion Bouton bestimmen wir nun den Temperaturfaktor H, den wir in Abb. 12, Seite 26, in seinem Verlauf aufzeichnen.

Wenn wir nun weiter wie vorher die F_s-Kurve schrittweise graphisch integrieren und die erhaltenen Werte mit dem zugehörigen H multiplizieren, so erhalten wir den Wärmeübergang durch Leitung.

Die Berechnung der Wärmebilanz durch schrittweise Ermittlung der für Arbeit, Wärmeleitung und Strahlung aufgewendeten Energie finden wir in nachstehender Tabelle auf die gleiche Weise wie unter A.

Kolbenstellung in cm	Temperatur ° abs.	Zeit in $^1/_{1000}$ sek	$\int F_s \cdot dt \times 1000$	H	Fläche für W_s in cm²	W_s	W_l	N_g	Energie-Inhalt g cal	α in WE pro m²h°	λ
						in g cal					
0	2660			3210					754		
bis		3,2	2,61		396	6,4	8,4	66,0		250	0,15
1	2473			2670					673		
bis		2,6	3,77		472	4,7	10,1	89,0		300	0,36
3	2225			2040					569		
bis		2,2	3,74		547	2,4	7,6	58,8		214	
5	2058			1700					500		
bis		3,4	6,55		699	4,2	11,1	75,6		171	0,51
9	1825			1280					409		
bis		2,6	5,07		812	2,4	6,5	38,5		114	
12	1693			1060					362		
bis		3,2	5,28		926	2,4	5,6	29,8		73	0,37
15	1573			880					324		
bis		3,0	3,30		1001	1,9	2,9	16,0		38	0,37
17	1530			800					303		
bis		4,6	1,84		1039	2,7	1,5	7,2		15	
18	1480								292		
						27,0	53,7	380,9	292		

Hierin bedeutet α die Wärmeübergangszahl in WE pro m² Stunde Grad, erhalten aus W_l durch Division durch die entsprechenden Zeiten, Flächen und Temperaturdifferenzen. λ ist eine scheinbare Wärmeleitzahl in WE pro m² Stunde für 1° Temperaturdifferenz auf ein Meter, erhalten aus α durch Multiplikation mit der mittleren Grenzschichtdicke für die betreffende Kolbenstellung. Die starke Abnahme der α bei annähernd konstantem λ rührt von der zunehmenden Grenzschichtdicke δ her.

Wir rechnen jetzt denselben Fall mit der Formel von Nusselt nochmals.

Kolbenstellung in cm	Zeit $^1/_{1000}$ sek	Fläche cm²	W_s in g cal	W_l in g cal	N_g in g cal	Energie-Inhalt g cal	Temperatur ° abs.
0						754	2660
bis	3,2	396	6,4	92,4	66,0		
1						589	2280
bis	2,6	472	3,3	55,0	82		
3						449	1940
bis	2,2	547	0,8	29,2	51		
5						368	1730
bis	3,4	699	2,1	38	63,7		
9						264	1400
bis	2,6	812	0,8	15,6	29,7		
12						218	1250
bis	3,2	926	0,7.	15	21,9		
15						180	1120
bis	3,0	1001	0,5	13,3	11,4		
17						155	1040
bis	4,6	1039	0,5	12,9	4,9		
18						133	973
			15,1	271,4	330,6	133	

Aus den beiden vorigen Tabellen ergeben sich folgende Wärmebilanzen:

Grenzschichttheorie: $N_i = 380{,}9 - 86{,}8 = 294{,}1$ cal $= 39{,}0\,\%$

$W_s + W_l = 27{,}0 + 53{,}7 = 80{,}7$ „ $= 10{,}7\,\%$

Abgase $= 292{,}0 + 86{,}8 = 379{,}0$ „ $= 50{,}3\,\%$

Nach Nusselt:

$N_i = 330{,}6 - 86{,}8 = 244$ cal $= 32{,}4\,\%$

$W_s + W_l = 15{,}1 + 271{,}4 = 287$ „ $= 38{,}1\,\%$

Abgase $= 133 + 86{,}8 = 220$ „ $= 29{,}5\,\%$

C. Diskussion der Ergebnisse.

Zuerst wollen wir die Resultate der Berechnung nach unserer Theorie und nach Nusselt sowie die Versuchswerte der Übersicht halber nochmals in Tabellen zusammenstellen.

Motor	Wert aus	N_e	N_i	Kühlwasser	$W_s + W_i$	Abgase	Rest
		in g cal pro Hub und in %					
Dion Bouton	Messung	90 20,4%		160 36,5%		167 38%	23 5,1%
	Grenzschicht-Theorie		145,4 33,1%		75,2 17,1%	179,4 40,7%	40[1]) 9,1%
	Nusselt		124,6 28,3%		176,1 40%	99,3 22,6%	40 9,1%
B.M.W.	Messung	213 28,2%		125 16,6%		151[2]) 20%	273[2]) 35,2%
	Grenzschicht-Theorie		294,1 39,0%		80,7 10,7%	379 50,3%	
	Nusselt		244 32,4%		287 38,1%	220 29,5%	

An den gemessenen Werten fällt uns zuerst der außerordentlich hohe Kühlwasserverlust des Dion Bouton und der sehr geringe[3]) des B.M.W. auf. Das ist nicht nur darin begründet, daß der erstere eine außerordentlich ungünstige Form des Kompressionsraumes hat, während der zweite die beste Gestalt desselben aufweist, sondern auch darin, daß beim Dion Bouton, wie aus seiner Zeichnung ersichtlich ist, die Auspuffgase nach ihrem Austritt aus dem Auspuffventil einen Raum mit hoher Geschwindigkeit durchströmen müssen, der allseits vom Kühlwasser umflossen und daher gut gekühlt ist, so daß die dort von den Auspuffgasen an die Wand abgegebenen Wärmemengen unter der Kühlwasserwärme mitgemessen werden, während beim B.M.W. beim normalen Betrieb die Abgase unmittelbar nach dem Austritt aus dem Ventil in das Auspuffrohr treten, das als Abgaskühler ausgebildet ist, und das beim Versuch nicht anmontiert war. Dabei dürfen wir nicht außer acht lassen, daß zweifellos während der Entspannung der Verbrennungsgase bei Eröffnung des Auspuffventils und während des Ausschiebens der Gase infolge der dabei auftretenden außerordentlich hohen Strömungsgeschwindigkeiten und starken Wirbelungen beträchtliche Wärmemengen von den auspuffenden Gasen an Zylinderwand, Ventil, Ventilsitz und Ventilkammer abgegeben werden, die sich vorläufig unserer Berechnung ent-

[1]) Dies sind, wie unter A. bemerkt, unverbrannt angenommene Mengen.

[2]) Die Abgaswärme wurde hier aus der gemessenen Abgastemperatur und der spezifischen Wärme der Abgase gerechnet. Die Werte aller solcher Abgaswärmen sind unrichtig, da dann die zur Erzeugung der hohen Expansionsgeschwindigkeiten durch das Auspuffventil verbrauchte Wärme im Restglied auftritt, was auch die unnatürliche Höhe desselben hier erklärt.

[3]) Der gemessene Kühlwasserverlust ist so gering, daß selbst die unmittelbar nachstehenden Bemerkungen die Möglichkeit, daß hier eine Fehlmessung vorliegt, nicht ganz ausschließen.

ziehen, die aber bei der gemessenen Kühlwasserwärme mit gemessen werden, während sie bei den errechneten Werten für den Wärmeübergang fehlen und unter der Abgaswärme erscheinen. Infolge der unmittelbar vorher erwähnten Konstruktionsverhältnisse tritt beim Dion diese Wärmeabgabe bei der Entspannung viel stärker in Erscheinung als beim B.M.W.

Wir wollen jetzt der Reihe nach die verschiedenen Werte und ihre Bedeutung betrachten:

Die Bedeutung von N_e ist klar, beim gerechneten N_i ist die Reibungsarbeit sowie die Ansaug- und Ausschubarbeit inbegriffen.

Wir sehen, daß bei einer Annahme eines η_{mech} von 75 % beim einzylindrigen Dion in Anbetracht seiner alten Bauweise und Schmierung (es ist im ganzen Motor z. B. kein Kugellager verwendet, die Schmierung ist die alte Sprühölung) η_i nach dem „Abzugverfahren"[1]) etwa 27 % sein müßte. Bei einer annähernd ermittelten Ansaug- und Ausschubarbeit von 11 g cal pro Viertaktspiel ergibt somit die Rechnung nach Nusselt ein $\eta_i = 25{,}8$ %, also ein $\eta_{mech} = 79$ %, was recht gut stimmt, während das η_i nach der Grenzschichttheorie $= 30{,}5$ % noch immer zu hoch ist, da dann $\eta_{mech} = 67$ % würde. Der Grund ist klar. Es ist in erster Linie unsre Vernachlässigung des zerklüfteten Kompressionsraums und der dadurch entstehenden, nicht erfaßbaren Strömungen, die durch Erhöhung des Wärmeüberganges eine Verminderung der Leistung bewirken. Selbst die Korrektur, die wir dadurch vornahmen, daß wir an Stelle der ideellen kleinen Oberfläche die wirkliche Fläche einsetzen, kann eben diese Einflüsse der Strömungen nicht ausschalten.

Beim B.M.W. hingegen, in dessen Verdichtungsraum solche Strömungen nicht vorkommen und für den auch die hier entwickelte Theorie uneingeschränkte Anwendung finden kann, erhalten wir nach unsrer Theorie vorläufig (ohne Wärmeübergang durch Leitung auf den Kolben und den Abschluß des Kompressionsraumes und ohne Berücksichtigung der Ansaug- und Ausschubarbeit) ein η_{mech} von rund 73 %, nach dem Abzugverfahren aber 79 %, da die Ansaug- und Ausschubarbeit hier etwa 25,8 g cal pro Viertaktspiel und Zylinder beträgt und η_i somit 35,7 % wird; diese Zahlen stimmen in Anbetracht des Umstandes, daß auch hier nahezu ausschließlich Gleitlager Verwendung finden, und der gemachten Vernachlässigungen recht gut. Nach der Formel von Nusselt hingegen erhalten wir den unwahrscheinlich hohen mechanischen Wirkungsgrad von 87 %. Dabei ist Ansaug- und Aus-

[1]) Das „Abzugverfahren", aufgestellt in den „Regeln für Leistungsversuche" [21]), besagt, daß N_i nur den Wert von N_e plus Reibungsarbeit darzustellen hat, also z. B. von unserem gerechneten N_i die Ansaug- und Ausschubarbeit abzuziehen ist. Weshalb wir hier das Abzugverfahren wählen, ist auf Seite 68 begründet.

schubarbeit noch nicht berücksichtigt. Nach dem Abzugverfahren würde sich sogar ein $\eta_{mech} = 97\,^0/_0$ ergeben.

Dies verursacht der nach der Nusseltschen Formel sich viel zu hoch ergebende Wärmeübergang $W_l + W_s$, der natürlich die Leistung stark herabdrückt, weshalb η_{mech} zu groß erhalten wird.

Wenn wir jetzt die Rubriken Kühlwasserverlust und $W_s + W_e$ betrachten, so müssen wir uns folgendes vor Augen halten:

In der gemessenen Kühlwasserwärme ist der Wärmeübergang während aller Takte enthalten[1]). Dieser ist beim Kompressionshub auch bei langsamer Verbrennung und großer Vorzündung bei höheren Drehzahlen ziemlich bedeutungslos, wie wir später zeigen werden. Anders verhält es sich, wie schon besprochen, mit dem Wärmeübergang während der Entspannung bei Eröffnung des Auspuffventils und während des Ausschubhubes. Der Wärmeübergang während der Entspannung dürfte im Zylinder selbst nicht viel zu bedeuten haben, wohl aber beim Ventil und im Auspuffkanal, da ja hier außerordentlich hohe Strömungsgeschwindigkeiten auftreten.

Der Wärmeübergang während des Auspufftaktes selbst darf aber auch nicht unterschätzt werden. Wohl ist die Gasdichte wesentlich kleiner als beim Explosionshub, doch sind anderseits die Strömungsgeschwindigkeiten größer, da sie nicht wie bei diesem von 0 bis c anwachsen, sondern stets gleich c sind. Dazu kommt noch, daß durch die Richtungsänderungen des Gasstromes beim Verlassen des Zylinders und die rund 6—10fache Erhöhung der Geschwindigkeit beim Durchströmen des Ventilsitzes sicher ein bedeutender Wärmeübergang entsteht. Andrerseits ist in der Kühlwasserwärme die vom Motor durch Strahlung an die Außenluft abgegebene Wärme nicht enthalten, die aber auf Grund der verhältnismäßig niedrigen Temperaturen der jetzt untersuchten Motoren nicht sehr groß sein kann.

Es kann jedoch bei der Kühlwasserwärme auch Reibungswärme der Kolbenreibungsarbeit mit gemessen sein.

Bei den Werten $W_s + W_l$, die die Grenzschichttheorie ergibt, ist nur die Wärme gerechnet, die während des Expansionshubes übergeht und auch hierbei ist vorläufig noch die Wärme, die durch Leitung an den Kolben und an den Abschluß des Kompressionsraumes übertragen wird, vernachlässigt. Es sei jedoch im vorhinein bemerkt, daß diese letzteren Wärmemengen recht geringfügig sind, aber immerhin die Ergebnisse mit den Messungen noch besser übereinstimmen lassen.

Die Werte $W_s + W_l$ nach Nusselt geben auch nur den Wärmeübergang während des Explosionshubes, aber ohne Vernachlässigung

[1]) Es sei hier auf die Versuchsergebnisse von Ricardo [22]) (siehe auch Seite 69) hingewiesen.

von Kolben und Abschluß des Kompressionsraumes. Sie erscheinen mit Rücksicht auf den Wärmeübergang beim Auspuffhub zu groß. Es sei hier schon bemerkt, daß die Formel von Nusselt bei sämtlichen Motoren, die von mir durchgerechnet wurden, insonderheit aber bei Automobilmotoren, zu hohe Werte ergab und zwar um so mehr, je höher die Kolbengeschwindigkeit war. Das mag seine Ursache darin haben, daß Nusselt annimmt, daß der Wärmeübergang annähernd linear mit c_m ansteigt. Ob seine diesbezüglichen Versuche, die bis zu Geschwindigkeiten von 5 m/sek durchgeführt wurden, auch bei höheren Geschwindigkeiten, die hier durchwegs in Betracht kommen, dasselbe Ergebnis gezeitigt hätten, muß dahingestellt bleiben; ebenso ist es wahrscheinlich, daß der Ausdruck $(1 + 1{,}24\, c_m)$, den Nusselt für die Abhängigkeit von der Kolbengeschwindigkeit annimmt, wobei die Konstante 1,24 aus den Versuchen von Clerk errechnet wurde, sehr viel von den Eigenheiten dieser Maschine mit enthält, also nicht ohne weiteres verallgemeinert werden darf.

Dazu gehört gleich folgender, wesentlicher Umstand:

Bei der Indizierung von Motoren im normalen Betrieb spielen die Lässigkeitsverluste an den Kolbenringen gar keine Rolle. Anders verhält es sich aber wohl, wenn man wie Clerk eine Maschine mit geschlossenen Ventilen auslaufen läßt. Da machen sich natürlich die im normalen Betrieb sehr geringen Verluste durch mangelhafte Kolbenabdichtung bemerkbar, da die Gase ja viel mehr Zeit zum Entweichen haben. Diese Verluste sind Druckverluste, daher wurden sie in den Arbeiten von Clerk und Nusselt, weil sie nicht erkennbar auftreten, in den Wärmeübergang einbezogen. Daß bei der Clerkschen Maschine solche Lässigkeitsverluste in relativ hohem Maße auftraten, beweisen sämtliche Versuchsergebnisse an ihr. Schon Clerk erhielt zu geringe spezifische Wärmen, da er die volle anstatt der durch die Undichtigkeit der Kolbenringe verminderte Ladung bei der Untersuchung annahm. Auch die Nusseltsche Arbeit weist auf diese Verluste hin, z. B. der größere Beiwert von c_m bei den ersten $^3/_{10}$ des Hubes, wo der Druck und dadurch die Verluste am größten sind. Auch der Unterschied dieses Wertes bei kalter und heißer Maschine bestätigt das Auftreten größerer Lässigkeitsverluste. Schließlich werden wir später (Seite 40) einen weiteren Grund für die oben genannten Unstimmigkeiten bei Anwendung der Nusseltschen Formel erwähnen.

Durch diese zu hohen Wärmeübergänge ergeben sich nun durchwegs zu niedrige N_i und daher meist unwahrscheinlich hohe mechanische Wirkungsgrade. Sichere Auskunft über die Abhängigkeit des Wärmeüberganges von c_m kann da nur die Grenzschichttheorie geben. Denn wir dürfen bei dem guten Übereinstimmen der Nusseltschen Formel beim Dion nicht außer acht lassen, daß wir den thermisch idealen, praktisch aber unmöglichen Fall der augenblicklichen Verbrennung in der oberen Totlage angenommen haben.

Wir sehen also, daß sowohl beim Dion wie beim B.M.W. zum errechneten Wert $W_l + W_s$ noch die Wärmemengen zuzuzählen sind, die auf Kolben und Abschluß des Kompressionsraumes durch Leitung übergehen, ebenso der gesamte Wärmeübergang während des Auspufftaktes, um einen richtigen Vergleich mit den gemessenen Kühlwasserwärmen zu erhalten. Die Strahlung des Motors an die Außenluft spielt in beiden Fällen infolge der Kühlwassertemperatur von 50 ^{0} C keine Rolle. Beim Dion ist jedoch vermutlich noch außerdem zu dem Wert $W_s + W_l$ eine gewisse Reibungswärme dazu zu rechnen, wie wir später sehen werden. Beim B.M.W. wird diese wahrscheinlich kleiner sein, da ich an einigen Motoren, die zwar nicht von B.M.W. gebaut, jedoch mit B.M.W.-Kolben ausgestattet waren, unter schwierigsten Arbeitsverhältnissen die ausgezeichneten Laufeigenschaften dieser Kolben beobachten konnte.

Die Abgaswärme bei den Versuchen stellt hier beim Dion und beim B.M.W. verschiedene Begriffe dar. Beim B.M.W. haben wir schon vorher besprochen, daß darin nicht die vollen Abgasverluste enthalten sind, sondern daß diese auch im Restglied auftreten. Das Restglied beim B.M.W. hätte sonst nur den Wärmewert der Reibungsarbeit aufzuweisen, da wir hier, wie schon besprochen, praktisch vollkommene Verbrennung annehmen können.

Beim Dion hingegen stellt die gemessene Abgaswärme nicht nur die tatsächlichen Abgasverluste dar, sondern es ist darin wohl auch das Unverbrannte enthalten, da das gemessene Restglied, in dem ein Teil der Reibungsarbeit und der Wärmewert des Unverbrannten enthalten sein sollte, mit 5,1 $^0/_0$ kaum die Reibungsarbeit deckt. Es ist dies auch deshalb sehr wahrscheinlich, da das aus Zeitmangel (wie wir später sehen werden) nicht verbrannte Gas hier in dem 35 cm langen Verbindungsrohr zum Kalorimeter verbrennen dürfte. In den Versuchen von Neumann ist das starke Schwanken des Restgliedes sehr bemerkenswert. Während bei den Maxima desselben in den verschiedenen Versuchsreihen wirklich noch Unverbranntes im Restglied enthalten sein dürfte, werden die oft geradezu erstaunlich niedrigen Werte vermutlich Fehlmessungen darstellen. Eine Reibungsarbeit von 0 bis 4 $^0/_0$ ist doch kaum denkbar. Da aus diesem Grunde auch die vom Motor an die Außenluft abgegebene Strahlungswärme unbedeutend sein muß (die ja auch im Restglied auftreten müßte), wir uns auch schon vorher von ihrer geringen Größe überzeugt haben, können die 5,1 $^0/_0$ Restglied mit einer unbestimmbar großen Reibungswärme am Kolben, die unter „Kühlwasserverlust" auftritt, nur die Reibungsarbeit darstellen. Unsre Annahme eines η_{mech} von 75 $^0/_0$ wird dann nicht allzusehr fehlgehen, da die größte Reibungsarbeit doch am Kolben zu leisten ist [1]). Bei diesem Versuch wird also das unverbrannte Gas wohl auf dem Weg zum Kalorimeter verbrannt sein.

In der Abgaswärme, die aus der Grenzschichttheorie errechnet wurde, ist auch noch die Wärme enthalten, die nach dem Expansionstakt an Zylinder, Ventil und Kanäle abgegeben wird und die bei den Versuchswerten unter Kühlwasserverlust mit gemessen wird. Die bei Benützung unserer Formeln gefundene Abgaswärme ist daher in allen Fällen zu hoch.

Bei den Werten, die nach Nusselt gerechnet wurden, sollte derselbe Fall eintreten. Infolge der zu hohen Werte für $W_s + W_l$, die wir aber dabei erhalten, fällt die Abgaswärme hierbei stets zu klein aus.

Wir müssen uns, wie schon gesagt, hier aber immer vor Augen halten, daß alle bisher gerechneten Werte durch die Annahme einer Momentanverbrennung, die eine zu weitgehende Vereinfachung ist, merkliche Abweichungen von der Wirklichkeit aufweisen.

Wir wollen daher nur vorweg nehmen, daß die Grenzschichttheorie in der Verpuffungsmaschine nach Behebung einiger Vernachlässigungen mit der Praxis völlig übereinstimmende Ergebnisse zeitigt.

Es erscheint ziemlich zwecklos, vor dieser Behebung wesentlicher Vernachlässigungen wie der Momentanverbrennung und der Wärmeleitung auf Kolben und Zylinderdeckel, tiefgreifende Diskussionen beginnen zu wollen.

Es ist aber nötig, bereits hier folgendes festzustellen:

Die Grenzschichttheorie liefert nur für Motoren mit einfachen Verbrennungsräumen verlässige Werte. Für andre Motoren, wie z. B. De Dion Bouton, können wir nur Näherungswerte erhalten. Bei der Formel von Nusselt liegt die Sache anders. Obwohl sie, wie eingangs (Seite 11) nachgewiesen wurde, mit unserer Formel im großen und ganzen übereinstimmt, besteht doch der fundamentale Unterschied, daß die Nusseltsche Formel aus Versuchen an einer einzigen Maschine gewonnen wurde, daher sicherlich viel von den Eigenschaften dieser Maschine und den damals gerade herrschenden Betriebsbedingungen mit übernommen hat, während unsre Formel theoretisch entwickelt ist und daher bei Berücksichtigung der dem Motor und den gegebenen jeweiligen Verhältnissen eigenen Werte viel mehr Spielraum läßt als es die Nusseltsche Formel vermag. So spielt bei letzterer nur die Fläche, aber nicht die Form des Kompressionsraums eine Rolle, darum liefert sie für einfache Verbrennungsräume zu große Werte, weil sie aus Versuchen mit einem Motor mit weniger einfachem Kompressionsraum gewonnen ist. Die Verbrennungsräume normaler und insbesondere wie in diesem Falle älterer Gasmaschinen sind eben keine so günstig

[1]) Nach Ricardo [22]) 50 bis 75% der gesamten Reibungsarbeit.

gestalteten wie z. B. die des B.M.W., sondern ähneln stark dem der ebenfalls im Anhange beschriebenen Deutzer Gasmaschine.

Wir werden in den weiteren Abschnitten sehen, daß es uns nicht nur gelingt, die Formeln der Grenzschichttheorie so auszugestalten, daß bei einfachen Kompressionsräumen keine groben Vernachlässigungen mehr vorkommen, sondern auch derart zu vereinfachen, daß dieselben in ihrer Anwendung für die Praxis brauchbar werden.

II. Der Wärmeübergang bei langsamer Verbrennung.

1. Allgemeines.

Wir haben im vorigen Abschnitt den Wärmeübergang bei Annahme einer augenblicklichen Verbrennung in der oberen Totlage betrachtet und erhielten dabei bereits Ergebnisse, die bei Verhältnissen, für die uns unsre Theorie zutreffende Formeln gibt, nämlich bei einfachen Kompressionsräumen, eine recht gute Übereinstimmung mit den Versuchswerten zeigen. Dadurch ist schon eine Bestätigung unsrer Grenzschichttheorie für die Verpuffungsmaschine gegeben; diese erfährt noch eine weitere Bekräftigung, wenn wir später manche Erfahrungen aus der Praxis mit unsrer Theorie in Einklang bringen werden.

Wir haben durch unsre Theorie die Behauptung aufgestellt, daß im Zylinder während des Explosionstaktes eine zwar äußerst turbulente, aber immerhin rechnerisch erfaßbare Strömung herrscht, die in erster Linie eine Funktion der jeweiligen Kolbengeschwindigkeit ist.

Die Annahme, die bereits in erster Näherung durch unsre Ergebnisse eine Bestätigung erfahren hat, wird auch nicht gestört, wenn wir den Einfluß der langsamen Verbrennung betrachten. Wir sehen darin unsre nächste Aufgabe, da die Annahme einer augenblicklichen Verbrennung in der Totlage sicherlich diejenige ist, die den größten Einfluß auf die Strömung haben könnte und auch die gröbste Vernachlässigung in unsrer Rechnungsweise darstellt. Wenn wir die Erfahrungen aus der Praxis betrachten, so kommen wir zu folgenden Schlüssen:

Die Verbrennung im Zylinder dürfte derart langsam sein, daß Stöße durch schlagartig bei der Verpuffung auftretende Drucksteigerungen wenigstens im normalen Betriebe nicht vorkommen. Wir sehen das aus dem ruhigen und völlig stoßfreien Gang moderner Motoren, solange Tourenzahl und Vorzündung richtig im Einklange stehen. Stöße (das „Zündungs"-Klopfen des Motors) oder harter Gang werden erst merkbar, wenn die Vorzündung zu weit getrieben wird oder der Motor übermäßig warm wird. (Diese Betrachtungen gelten nur für Benzin als Betriebsstoff, bei Benzol treten Stöße durch Warmwerden nicht oder viel später als bei Benzin auf.) Wie heute allgemein angenommen wird, dürfte dies damit zu erklären sein, daß Benzin gewissermaßen eine kritische Temperatur und einen kritischen Druck besitzt, nach dessen

Überschreitung die Zündgeschwindigkeit ganz außerordentlich anwächst. Dieses Klopfen würde demnach dadurch hervorgerufen werden, daß durch große Erhitzung oder große Drucksteigerung infolge zu hoher Vorzündung bei zu geringer Tourenzahl, wodurch die Zeiten für die Verbrennung ungebührlich lange werden, diese kritischen Werte überschritten werden, und dadurch infolge jetzt sehr schnell auftretender Drucksteigerung Stöße auf den Kolben übertragen werden. Da diese aber im normalen Betrieb nicht auftreten, so ist dadurch bewiesen, daß die normale Verbrennung keine solchen schlagartigen Drucksteigerungen erzeugt, welche die regelmäßige Strömung der Verbrennungsgase im Zylinder stören würden.

Nun besteht aber die Möglichkeit, daß eine solche Störung außer durch die vorerwähnte schlagartige Explosion durch das Ausbreiten und Fortschreiten einer regelrechten Brennfläche im Zylinder entstehen könnte. Dadurch würde die Strömung im Zylinder nicht nur von der jeweiligen Kolbengeschwindigkeit, sondern auch von der Geschwindigkeit der Brennfläche abhängen und unsre Theorie nicht anwendbar sein.

Infolge der Turbulenz der Strömung wird sich aber eine regelrechte Brennfläche nicht ausbilden können, sondern es dürfte brennendes und erst zu zündendes Gas im Rahmen unsrer Strömung durcheinandergewirbelt werden, so daß ein gleichmäßiger Druck und eine annähernd gleiche Temperatur wohl wird angenommen werden dürfen. Wir werden später sehen, daß diese Annahme der Verbrennungsvorgänge durch die Ergebnisse der weiteren Untersuchungen bestätigt wird.

Wir sehen also, daß eine Vereinigung unsrer Theorie mit der in Wirklichkeit auftretenden langsamen Verbrennung sehr wohl möglich ist. Um nun eine einigermaßen für diesen Fall zutreffende Rechnungsmethode aufzustellen, müssen wir uns natürlich in erster Linie über die Zündgeschwindigkeiten klar werden, die im Zylinder auftreten. Die von Neumann in seiner bereits erwähnten Arbeit[8]) durchgeführte Untersuchung von Benzin-Luftgemischen auf ihre Zündgeschwindigkeit mag ihre volle Richtigkeit für die Bombe haben. Keinesfalls kann sie die im Motor gültige Zündgeschwindigkeit ergeben. Wir wollen das mit einem kurzen Beispiel beweisen. Wenn wir von der Turbulenz und jeder andern Strömung im Zylinder absehen wollen, so wäre bei einer mittleren Zündgeschwindigkeit nach Neumann von 1,7 bis 1,8 m/sek beim Dion Bouton bei beendetem Explosionstakt, also in der unteren Totlage, bei Totpunktzündung erst 3,6 %, bei 25 % Vorzündung erst 4,9 % verbrannt. In Abb. 3, Seite 12, ist dargestellt, wo sich im Augenblicke der unteren Totlage die Brennfläche befinden würde. Allerdings ist bei den Zahlen nicht berücksichtigt, daß zu Beginn des Hubes infolge der höheren Gasdichte in derselben Zeit größere Mengen Gases verbrennen als am Ende des Hubes bei geringerer Gasdichte. Trotzdem sind das ganz unmögliche Werte. Dies zeigt, daß außer der in der Bombe ermittelten Zündgeschwindigkeit noch andere Faktoren mitspielen. Die Änderung der Dichte des Gases wird durch dessen Expansion hervorgerufen, eine Expansion ohne Strömung gibt es aber nicht. Es zeigt sich somit, daß die im Motor herrschende Zündgeschwindigkeit aus zwei Komponenten besteht, nämlich aus der dem in Ruhe befindlichen Gemische eigenen Zündgeschwindigkeit und der im Motor herrschenden Gasströmung. Im vorigen Abschnitt haben wir die Theorie entwickelt, durch die die Strömung im Motor dargestellt wird. Wir werden daher auch der Ermittlung der wahren im Motor vorkommenden Zündgeschwindigkeiten diese Theorie der Strömung zugrunde legen, um daraus den wirklichen Verlauf der Verbrennung festzustellen.

Es wurde bereits mehrfach versucht, experimentell die wahren Zündgeschwindigkeiten zu bestimmen. Keiner dieser Versuche führte zum Erfolg. Es konnte an Hand der Entropiebestimmung der Diagramme höchstens eine Höchstverbrennungsgeschwindigkeit festgestellt werden. Auch der Versuch, durch Rückschläge in den Vergaser die Zündgeschwindigkeit zu ermitteln, entbehrt jeder logischen Begründung. Es wird damit nur festgestellt, daß nach Expansions- und Ausschubtakt noch so heiße Gase vorhanden sind, daß sie das frische Gemisch entflammen können, aber nicht, daß die Verbrennung in diesem Moment der Öffnung des Ansaugventils noch andauert.

Ebenso kann durch Abzapfen der Ladung an verschiedenen Stellen des Zylinders während des Explosionstaktes und Analyse des Gemisches, auf Grund der sich ändernden Zusammensetzung des Gases nicht unmittelbar auf das Fortschreiten der Verbrennung geschlossen werden. Durch das Auftreten von Brennfäden, die durch die Wirbelungen erzeugt werden, dürfte der Gehalt der Ladung an noch nicht verbrannten Gasteilchen völlig unregelmäßig sein, so daß höchstens aus ganz großen Reihen solcher Versuche halbwegs brauchbare Mittelwerte erhältlich sein dürften.

Wir werden unsere Untersuchung im nächsten Absatz durchführen und uns jetzt noch schnell einen Umstand vor Augen führen, der gleichfalls eine Bekräftigung unsrer Theorie darstellt. Die so oft angefochtene Schichtungstheorie scheint sich aus folgendem Grund doch zu bestätigen. Es kann in der Praxis [siehe auch[18])] bei manchen Motoren am Kolben eine Brennstelle festgestellt werden, die nur von einer von der Kerze ausgehenden Stichflamme herrühren kann. Eine Stichflamme ist aber nur dann möglich, wenn die Flamme durch ein nicht brennbares Medium durchzugehen gezwungen ist, denn sonst würde das Gas, durch das die Stichflamme schlägt, doch unbedingt mit verbrennen und dann wäre es eben keine Stichflamme und der Kolben könnte keine scharf umgrenzte Brennstelle aufweisen. Bei einer ganz unregelmäßigen Strömung nun könnte eine Schichtung nicht vorkommen. Bei unserer Theorie ist es aber trotz der Turbulenz in beschränktem Maße möglich, daß sich unmittelbar über dem Kolben eine Schicht von Rückständen bildet, die sich durch alle Takte annähernd erhält. Die Wirbel im Gas können eben nur einen Teil des Inhaltes des Zylinders durcheinandermischen, während die unmittelbar über dem Kolben liegenden Gasmengen bei den Takten von den Wirbeln möglicherweise nicht genügend durchmischt werden und daher dort eine gewisse Menge von Rückständen von ihnen nicht fortgeschafft werden kann. Das läßt sich mit unsrer Theorie leicht vereinen und würde eine Erklärung der genannten Tatsache bilden. Jedoch scheint diese über dem Kolben lagernde Rückstandschichte um so kleiner zu werden, je höher die Kolbengeschwindigkeit ist. Die Erklärung hierfür ist sehr einfach und liegt darin, daß bei höheren Geschwindigkeiten auch die Wirbelung und damit die Durchmischung größer wird. Eine weitere Bestätigung der Schichtung finden wir dann im nächsten Absatz.

2. Ermittlung der wahren Zündgeschwindigkeiten.

Für diese Aufgabe gibt uns die Doktorarbeit von Strombeck[9]) Anregungen. Strombeck hat an einem langsam laufenden Deutzer Gasmotor mit Benzinbetrieb Voruntersuchungen angestellt, die für uns deshalb von großer Bedeutung sind, weil wir dadurch die bei schnelllaufenden Motoren ausgeschlossene Möglichkeit erhalten, verlässige Indikatordiagramme für den Betrieb mit Benzin zu verwerten. Diese Deutzer Gasmaschine ist ebenfalls im Anhang beschrieben. Wenn wir nun bei dieser Maschine an Hand der Diagramme und der Wärmeabgabe an das Kühlwasser die jeweils im Inneren herrschende Temperatur feststellen, können wir dann daraus die jeweils verbrannte Menge Benzins und daraus wieder die Brenngeschwindigkeit ermitteln.

Für diese Rechnung wählen wir den Versuch Nummer 10 der genannten Arbeit, und zwar beim Betriebe mit Benzin. Die Versuchsdaten sind:

Zündpunkt	Totpunkt		
Umdrehungen/min	201		
N_e in PS	7,69		
Mittlerer indizierter Druck	5,18 kg/cm²		
N_i in PS	9,94		
Mechan. Wirkungsgrad	77,4%		
Benzinverbrauch/h	2,85 kg		
Luftverbrauch/h	40,9 kg = 33,80 m³		
Mischungsverhältnis L/L_{chem}	0,99		
Lieferungsgrad	65,4%		
Kühlwasserablauftemperatur	60,2° C		
Abgastemperatur	520° C		
Zugeführte Wärmemenge/h	29790 Cal		
Wärmewert von N_i	6280	„	= 21,1%
Wärmeinhalt der Abgase	5940	„	= 19,9%
Kühlwasserwärme	13140	„	= 44,1%
Leitung, Strahlung, Rest	4430	„	= 14,1%
Wärmewert von N_e	4860	„	= 16,4%

Dieser Motor hat zwar einen einfacheren Kompressionsraum wie der Dion Bouton-Motor, es ist jedoch anfänglich auch hier nötig, den idealen rein zylindrischen Verdichtungsraum anzunehmen.

Wir berechnen nun aus dem in Abb. 14 dargestellten Indikatordiagramm für diesen Versuch aus der Gasgleichung $P \cdot V = R' \cdot T$ die jeweilige Temperatur und daraus den jeweiligen Energie-Inhalt. Wenn wir nun, die Verteilung des gemessenen Wärmeüberganges aus der Grenzschichttheorie und aus $R' \cdot T \frac{\Delta v}{v}$ die geleistete Gesamtarbeit errechnend, wieder die schrittweise Wärmebilanz des Expansionshubes aufstellen, so ersehen wir die jeweilige Energiezufuhr zwischen den einzelnen Kolbenstellungen und wo dieselbe überhaupt aufhört. Es ist somit ein leichtes, daraus die jeweils verbrannten Gasmengen in Prozenten zu errechnen und hierdurch die Lage einer gedachten (in Wirklichkeit nicht vorhandenen) Brennfläche festzustellen.

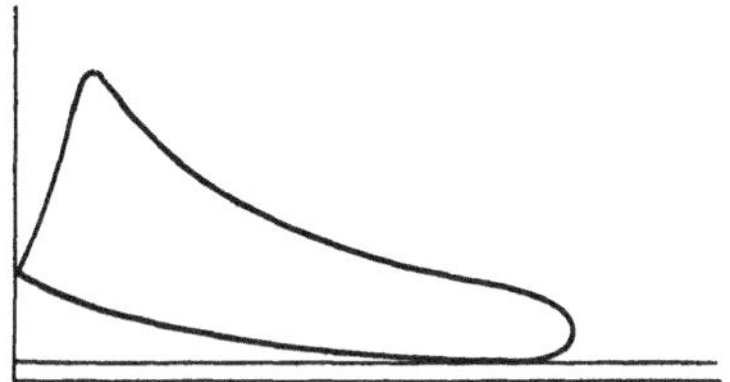

Abb. 14. Indikator-Diagramm der Deutzer Gasmaschine.

[Aus: „Untersuchungen an Automobilmotoren von Dr. Ing. G. Strombeck“[9]].

Wir erhalten bei dieser Rechnung folgende Tabelle:

Länge im Diagramm	Kolbenstellung	Druck	Temperatur	$W_s + W_l$	N_g	Energie vorhanden	Energie entwickelt	Verbrannte Gasmenge in %
mm	mm	Atm.	⁰ abs.	g cal	g cal	g cal	g cal	
0	0					880[1])		
	bis			633	116		1704	
4	$a = 26{,}92$	11	1650			1835		34,5
	bis			205	108		2118	
6	$b = 40{,}4$	15	2470			3650		77,5
	bis			564	550		800	
15	$c = 101$	10	2325			3340		93
	bis			230	225		35[2])	
22	$d = 148{,}1$	7,6	2155			2920		—[2])
	bis			210	190		190	
30	$e = 202$	5,8	2045			2710		97,5
	bis			280	219		100	
45	$f = 303$	3,9	1800			2300		99,5
	bis			35	18			
	Ende = 320							

[1]) Aus dem Indikatordiagramm ermittelte Kompressionswärme (= 600 cal), erhöht um den Fehlbetrag zwischen wirklicher Verbrennungswärme von 4940 cal und der hier erhaltenen Summe. (Durch Rechnungsungenauigkeiten entstanden).

[2]) Infolge unwahrscheinlich geringer Größe keine Prozentzahl errechnet.

Wie aus dem vorher Gesagten folgt, können wir infolge der Wirbel im Zylinder ein regelmäßiges Fortschreiten einer Brennfläche nicht annehmen, aber wir können immerhin aus den gewonnenen Prozentzahlen die Dauer der Verbrennung ersehen.

Um eine klarere Darstellung des Verlaufes der Verbrennung zu gewinnen, wollen wir untersuchen, wo eine regelrechte Brennfläche bei den einzelnen Kolbenstellungen stehen müßte, um den richtigen Prozentsatz verbrannten Gases zu liefern. Diese Lage der Brennfläche erhalten wir folgendermaßen: Bei der Kolbenstellung a sind 34,5 % verbrannt. Das Volumen bei dieser Stellung beträgt 3663 cm³, daher sind 34,5 % = 1260 cm³ in diesem Zeitpunkt verbrannt. Die Brennfläche müßte daher einen Weg zurückgelegt haben, der dem Volumen von 1260 cm³ entspricht und das sind 87 mm. Wenn wir nun diesen Vorgang fortsetzen, bekommen wir für den ganzen Verlauf der Verbrennung die zurückgelegten Wege. Wenn wir nun diese über der Zeit auftragen (Abb. 15), so können wir eine theoretische mittlere Geschwindigkeit des Fortschreitens der Zündung daraus ersehen.

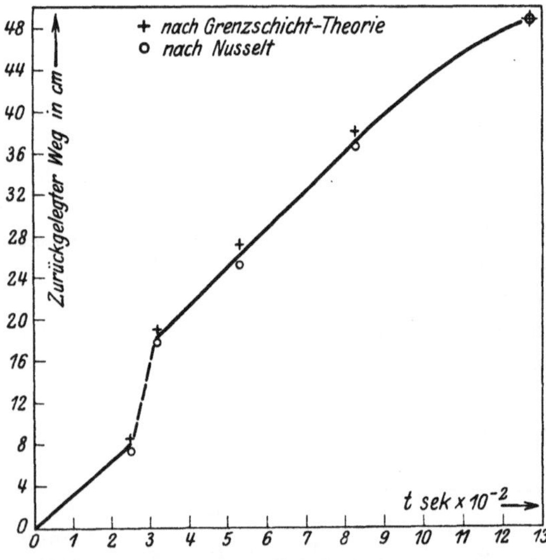

Abb. 15. Zündgeschwindigkeit bei Benzinbetrieb in der Deutzer Gasmaschine.

Bevor wir diesen Wert diskutieren, wollen wir an Hand der Nusseltschen Formel unser Ergebnis überprüfen.

Der Rechnungsvorgang bleibt hierbei ganz der gleiche, nur bestimmen wir den Wärmeübergang nach Nusselt.

Nachstehend ist hierfür die Tabelle wiedergegeben, wobei die Drücke und Temperaturen als die gleichen wie vorher weggelassen sind.

Wir errechnen nun wie vorher (natürlich mit den korrigierten Werten), die jeweilige Lage einer gedachten Brennfläche und tragen die so gewonnenen Zahlen wieder über der Zeit in Abb. 15 auf, wobei sich herausstellt, daß die jetzigen Werte um ein weniges geringer sind als die vorher erhaltenen.

Kolbenstellung	W_s+W_l	N_g	Energie vorhanden	Energie entwickelt	Verbrannte Gasmenge in %
	in g cal				
0			600[1])		
bis	140	116		1490	30,3
a	(102)		1835	(1452)	(29,4)
bis	140	108		2063	72,1
b	(102)		3650	(2025)	(70,4)
bis	720	550		960	91,5
c	(524)		3340	(764)	(86)
bis	340	225		145	94,5
d	(247)		2920	(52)	(87)
bis	420	190		400	102,5[2])
e	(305)		2710	(285)	(93)
bis	820	219		629	[2])
f	(600)		2300	(409)	(100)
bis	350	18			
Ende	(254)				

3. Diskussion.

Bei Betrachtung der in Abb. 15 aufgetragenen Werte sehen wir, wie bereits erwähnt, daß die mittels der Grenzschichttheorie gewonnenen Werte mit den nach Nusselt errechneten praktisch übereinstimmen.

Wenn wir nun den Verlauf der eingetragenen Punkte verfolgen, so finden wir, daß die mittleren Punkte, miteinander verbunden, eine Gerade ergeben, die infolge ihrer Neigung eine konstante Brenngeschwindigkeit von etwa 3,7 m/sek ergibt. Wenn wir jetzt einmal diesen Teil der ganzen Kurve betrachten, so müssen wir uns darüber klar sein, daß in diesen 3,7 m/sek, wie bereits erwähnt, zwei Komponenten enthalten sein müssen, nämlich die Zündgeschwindigkeit, die dem Gasgemisch in ruhendem Zustande eigen ist, und eine durch die Strömung hervorgerufene zweite Komponente. Es muß also die eine Komponente die von Neumann für diese Verhältnisse ermittelte Zündgeschwindigkeit in der Bombe sein. Für ein Mischungsverhältnis von 0,99 und einen Anfangsdruck von 5 Atm. ist diese 1,6 m/sek. Um die andere Komponente bestimmen zu können, ziehen wir diesen Wert von der erhaltenen Gesamtgeschwindigkeit von 3,7 m/sek ab und bekommen den

[1]) Kompressionswärme.

Da die Gesamtkühlwasserverluste nach Nusselt auch hier zu groß sind und zwar um 800 cal (wir vernachlässigen hier die unter I, 3, C (Seite 37) gemachten Bemerkungen, weil eine genauere Darstellung nicht möglich ist und der Einfluß der Vernachlässigung kaum merkbar wird), haben wir die einzelnen Werte um die verhältnismäßigen Fehlbeträge vermindert. Die dann geltenden Werte sind unter denen ohne Korrektur in Klammer aufgeführt.

[2]) Da sich aus obigem Grunde eine zu große Wärmeabfuhr und infolgedessen auch Zufuhr ergeben würde, zeigen die unkorrigierten Prozentzahlen schließlich Werte über 100%.

Wert von 2,1 m/sek, der mit der mittleren Kolbengeschwindigkeit von 2,14 m/sek genau übereinstimmt.

Bevor wir diese Übereinstimmung näher erörtern, betrachten wir den Anfang und das Ende der Kurve in Abb. 15. Im Beginne zeigt diese eine konstante, gleiche Neigung, also die gleiche Geschwindigkeit. Dann sehen wir einen großen Sprung, dessen Erklärung wir vorläufig noch aufschieben wollen. Immerhin erscheint es merkwürdig, daß sich dieser Sprung ganz in der Nähe der plötzlichen starken Querschnittserweiterung des Kompressionsraumes ausbildet.

Das Ende der Kurve ist leicht abgeflacht, das heißt, die Zündgeschwindigkeit nimmt ab. Das ist wohl dadurch zu erklären, daß infolge der bereits besprochenen und wahrscheinlich auch hier auftretenden Schichtung in der Ladung am Kolben ein größerer prozentualer Gehalt an Rückständen vorhanden ist als im übrigen Zylinder. Ferner verdünnt das Fortschreiten der Verbrennung das Gemisch. Diese schlechtere Zusammensetzung der Ladung muß eine Verringerung der Zündgeschwindigkeit mit sich bringen.

Wenn wir jetzt von der zur Erleichterung der zeichnerischen Darstellung gemachten Annahme einer regelrechten Brennfläche absehen, so ist klar, daß die zurückgelegten Wege doch im allgemeinen dieselben oder ähnliche sein müssen, obwohl die brennenden Gasteilchen von den Wirbeln mitgenommen werden dürften, was eben wahrscheinlich die zweite Komponente der Zündgeschwindigkeit im Motor darstellt. Daß diese Komponente gerade die Größe der mittleren Kolbengeschwindigkeit hat, mag vielleicht darin seine Ursache haben, daß, die Gültigkeit der Wirbelsätze von Helmholtz[19]) auch hier vorausgesetzt, die Stärke der Wirbel konstant bleiben muß und nach Versuchen von Kármán[20]) an einer ebenen bewegten Platte die Wirbel proportional der Geschwindigkeit derselben sind. Das Fortschreiten der Zündung durch das Zerreißen der Brennfläche von seiten der Wirbel scheint sich mit unserer Annahme einer gezündeten Fläche statt eines gezündeten Punktes auszugleichen, da hier die Zündung in der Mitte des Abschlusses des Kompressionsraumes erfolgt.

Wie dem auch sei, ist die Wirbelbildung und ihr Einfluß auf die Zündung zweifellos ein derart komplizierter Vorgang, daß wir vorläufig über vage Vermutungen nicht hinauskommen können. Wir müssen und können auch damit zufrieden sein, daß wir aus dem Bisherigen ersehen, daß die Zündgeschwindigkeit im Motor sich annähernd aus der in der Bombe ermittelten Zündgeschwindigkeit und der mittleren Kolbengeschwindigkeit zusammensetzt.

Eines können wir allerdings mit Sicherheit aus der Wirbelbildung erklären und das ist der vorerwähnte Sprung in der Kurve der Brenngeschwindigkeiten. Dieser ist ohne Zweifel durch die verstärkte Wirbelung infolge der plötzlichen starken Querschnittsvergrößerung entstanden.

Wir wollen hier noch erwähnen, daß ein etwaiger Einfluß von Dissoziation der Gase infolge der auftretenden hohen Temperaturen bereits in unseren Werten der Verbrennungsgeschwindigkeit enthalten ist, wie aus der Art ihrer Berechnung hervorgeht. Ein Auftreten einer Dissoziation in größerem Umfange erscheint aber darum unwahrscheinlich, weil im Zylinder hohe Temperaturen nur bei hohen Drücken erreicht werden.

Wir wollen uns jetzt ansehen, wie der Verlauf der Zündung bei den beiden bisher von uns betrachteten Motoren unter diesen Umständen vor sich geht.

In Abb. 16 ist für den Dion Bouton die Lage der angenommenen Brennfläche und die Prozente der verbrannten Gasmenge über der Zeit aufgetragen, wobei für die Vorzündung als Zündgeschwindigkeit nur die Bombenzündgeschwindigkeit von hier 1,8 m/sek eingesetzt ist, da die zweite Komponente der Zündgeschwindigkeit durch die Lage der Kerze während des Aufwärtsganges des Kolbens entfallen muß. Beim Abwärtsgang herrscht die Zündgeschwindigkeit von 1,8 + 5,6 m/sek = 7,4 m/sek. Der oben erwähnte Sprung konnte natürlich hier nicht berücksichtigt werden, da wir eine Gesetzmäßigkeit desselben nicht kennen. Außerdem ist hier die Querschnittserweiterung viel allmählicher und infolge der Form des Verbrennungsraumes für unregelmäßige Wirbelbildungen viel ungünstiger als bei der Deutzer Gasmaschine. Wir erhalten, wie ersichtlich, trotz der höheren Kolbengeschwindigkeit einen sehr langsamen Verlauf der Verbrennung, das heißt, die Verbrennung hält bis zum Ende des Hubes an. Dabei sehen wir, daß am Ende des Hubes nur 85 % des Gemisches verbrannt sind, ein Wert, der hier trotz der Versuche von Terres[11]) recht unwahrscheinlich ist, da beim normalen Betrieb erfahrungsgemäß mehr verbrennt. Beim Benzmotor desselben liegt nämlich die Kerze über dem Einlaßventil, beide Ventile liegen nebeneinander, so daß die Zündflamme einen Weg von etwa 10 cm nur mit der Bomben-Zündgeschwindigkeit zurücklegen muß, zu dem sie länger brauchen würde, als sie während des Hubes überhaupt Zeit hat. Das ist zweifellos mit ein Grund der hohen unverbrannten Mengen dieses Motors. Da wir also beim Dion Bouton 15 % Unverbranntes für unsere Wärmebilanz als zu hoch finden, scheint sich folgende Erklärung hierfür zu bieten. Der Kolben des Dion läuft nicht bis zur flachen Tasche des Kompressionsraumes, sondern seine obere Totlage liegt etwas tiefer. Es ist nun wahrscheinlich, daß sich da über dem Kolben eine Schicht von Rückständen ansammelt, die von den Wirbeln nicht völlig weggebracht werden kann. Wenn wir einen Teil der Rückstände dort angesammelt denken, so ändert sich die Menge des Unverbrannten.

Bei der Annahme, daß diese Schicht etwa die Hälfte der Rückstände enthält, bekämen wir nurmehr 7 $^0/_0$ unverbranntes Gemisch, was zweifel-

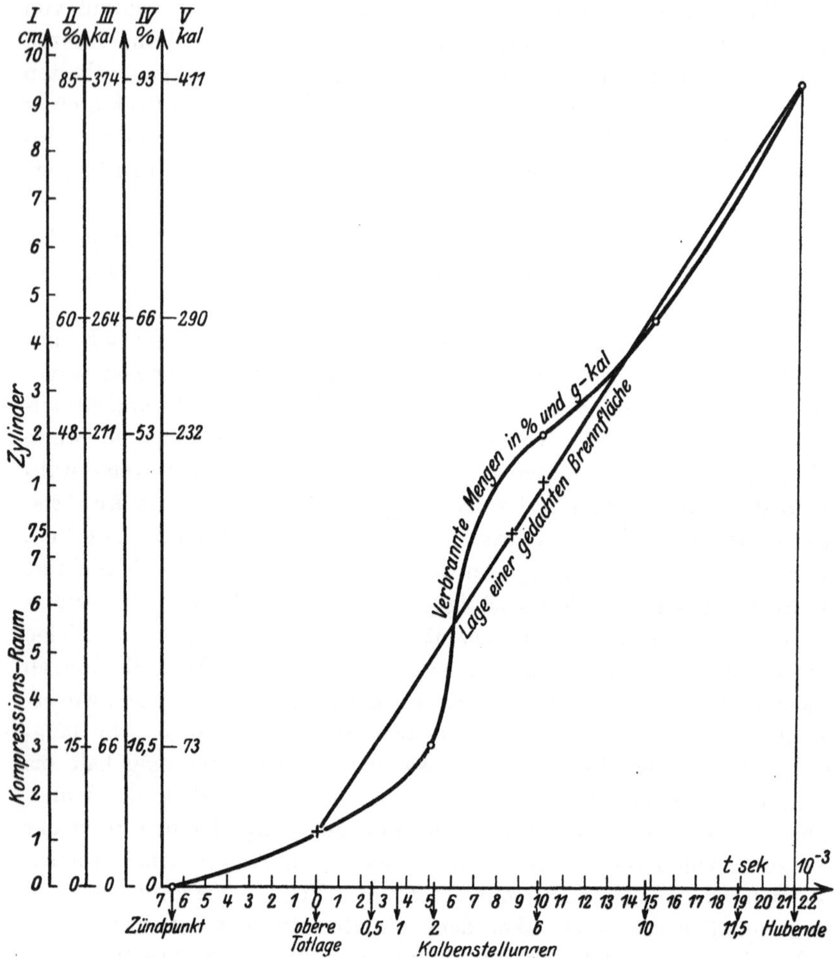

Abb. 16. Zündgeschwindigkeit beim Dion Bouton. (Verbrannte Mengen Gases und zurückgelegte Wege einer gedachten Brennfläche als f (t sek) und als f (Kolbenstellung).

Ordinate I: Zurückgelegte Wege in cm.
„ II: Verbranntes Gas in $^0/_0$ } bei Annahme gleichmäßiger Ver-
„ III: „ „ „ g cal } mischung mit den Rückständen.
„ IV: „ „ „ $^0/_0$ } bei Annahme einer Schichtung.
„ V: „ „ „ g cal }

los ein besseres Ergebnis darstellt. Diese Annahme steht in Übereinstimmung mit der bereits experimentell bewiesenen Schichtung, wobei die Größe der Menge natürlich nur eine Schätzung ist.

Wir wollen jetzt noch den Zündungsverlauf bei dem B.M.W. betrachten, von dem wir wissen, daß er ganz außerordentlich hohe Temperaturen erreicht, woraus zu schließen ist, daß die Verbrennung sehr schnell erfolgt. Die wahre Zündgeschwindigkeit beträgt dabei 1,8 + 7,24 = 9 m/sek, wobei wir jedoch wegen der Lage der Kerzen einige Einschränkungen machen müssen.

Während der Vorzündung wird das oberhalb der Kerzen liegende Gemisch mit der Geschwindigkeit von 9 m/sek gezündet, während das unterhalb derselben befindliche nur mit 1,8 m/sek entflammt wird. Im Totpunkt ist dann oben bereits alles verbrannt, zusammen 73 % des ganzen Gemisches. Beim Abwärtsgang wäre der Vorgang umgekehrt, der Rest verbrennt also mit 9 m/sek, so daß die ganze Ladung bei einem Kurbelwinkel von 23°, also etwa bei Stellung 1, bereits verbrannt ist. Diese äußerst schnelle Verbrennung hat nicht nur ihren Grund in der hohen mittleren Kolbengeschwindigkeit, sondern in erster Linie darin, daß die Kerzen im unteren Teil des einfachen und infolge der hohen Kompression niedrigen Verbrennungsraumes liegen, wodurch der Einfluß der Vorzündung ein besonders großer wird, und zweitens darin, daß wir infolge der Anordnung von zwei Kerzen die Zeit des Durchschlagens quer durch den Zylinder nicht anzusetzen brauchen, sondern trotz der seitlichen Zündstellen so rechnen können, als ob die ganze Fläche in der Höhe der Kerzen gleichzeitig entflammt würde. (Siehe Einfluß der Wirbelungen.)

Die durch diese schnelle Verbrennung auftretenden hohen Temperaturen stimmen mit den im Betriebe gewonnenen Erfahrungen aufs beste überein.

4. Berechnung des Wärmeüberganges bei langsamer Verbrennung.

Wir betrachten hier nur den B.M.W., da eine Einführung der wahren Zündgeschwindigkeiten nur dann Sinn hat, wenn ihre Vernachlässigung die größte Abweichung von den wirklichen Verhältnissen darstellt, während beim Dion Bouton doch zweifellos die Annahme eines theoretischen rein zylindrischen Kompressionsraumes viel einflußreicher ist.

Wir müssen natürlich hier auch die Vorgänge während der Vorzündung berücksichtigen, sowohl in bezug auf Wärmeübertragung wie Temperatur und Kompressionsarbeit.

In nachstehender Tabelle rechnen wir in derselben Art wie bisher die Wärmebilanz nach der Grenzschichttheorie aus, wobei auch wie früher die Strahlung nach Nusselt gerechnet wird. Wir erwähnen hier nurmehr die Größen von $W_s + W_l$. Die Kompressionsarbeit während der Vorzündung ist natürlich infolge der höheren Temperaturen größer als die entsprechende bei der früher angenommenen Momentanverbrennung. Diese Überschüsse setzen wir in der Rubrik N_g negativ ein, da sie sich gegen die Zunahme der Leistung beim Abwärtsgang aufheben, welch letztere dadurch entsteht, daß der Kompressionsenddruck höher und somit auch die Drücke beim Expansionstakt größer sind, als bei der Annahme der augenblicklichen Verbrennung.

Kolbenstellung cm	Verbranntes Gas %	Entwickelte g cal	$W_s + W_l$ in g cal	N_g in g cal	Temperatur absolut	Energie-Inhalt in g cal
aufwärts 1	Zündmoment				570	0
bis						
0,7	24,5	120			900	120
bis			1	— 5,6		
abwärts 0	73	430			2200	555
bis			8,2	+ 55		
1	100	204			2525	696
bis			16,3	90,6		
3					2275	589
bis			10,7	59,4		
5					2100	519
bis			16,3	77,0		
9					1870	426
bis			9,5	39,6		
12					1740	377
bis			8,9	30,6		
15					1620	337,5
bis			5,3	16,4		
17					1560	316
bis			4,4	7,4		
18					1525	304
			80,7	370,4		304
				— 86,8		+ 86,8
				283,6		390,8

Wir erhalten daher:

$W_l + W_s$ = 10,7 %

N_i (mit Ansaug- und Ausschubarbeit) = 37,6 %

η_i (nach dem Abzugverfahren[21]), siehe auch S. 36) = 34,5 %

Mechanischer Wirkungsgrad = 82,0 %

Abgase = 51,7 %

Wir sehen, daß infolge der kurzen Verbrennungsdauer nur geringe Änderungen eintreten. Immerhin stimmt aber das Ergebnis noch besser mit dem Versuch überein, da N_i kleiner und daher η_{mech} größer wird. Das errechnete η_{mech} nähert sich schon sehr dem tatsächlichen, das mit etwa 80 bis 85 % angenommen werden kann. Es ist sehr bemerkenswert, daß während der Aufwärtsbewegung des Kolbens bei der Vorzündung einerseits ein kaum merkbarer Wärmeübergang stattfindet, andrerseits die aufzuwendende Kompressionsmehrarbeit sehr gering bleibt.

III. Ausgestaltung der Theorie und Einführung einfacher, für die Praxis brauchbarer Formeln.

Infolge der guten Übereinstimmung des nach unsrer Theorie im vorigen Absatz für den B.M.W. errechneten Wertes der Leistung mit dem Versuchswert, müssen wir nur noch einige Fragen lösen, um eine für die Praxis allgemein brauchbare Rechnungsweise aufzustellen, die natürlich nur für Motoren mit einfachen Verbrennungsräumen volle Gültigkeit haben kann[1]).

Diese Fragen sind:

1. Unter welchen Bedingungen brauchen wir bei der Zündung die Zeit zum Durchschlagen des Zylinders senkrecht zu seiner Achse nicht anzusetzen?

2. Wie errechnet sich der Wärmeübergang durch Leitung auf Kolben und Abschluß des Kompressionsraumes?

3. Welche Größe hat der Wärmeübergang während der Entspannung und des Ausschiebens der Abgase beim Auspufftakt und welche Rolle spielt dieser?

4. Einführung einfacherer, praktisch brauchbarer Formeln.

5. Ausdehnung der Formeln auf Benzol als Brennstoff.

1. Wir könnten zur Beantwortung dieser Frage nur vage Hypothesen aufstellen, wenn uns hier nicht praktische Erfahrungen zugute kommen würden.

Zuerst wollen wir die Verhältnisse an Motoren untersuchen, die keine durch seitliche Ausbauten zerklüftete Kompressionsräume haben, also bei Automobilmotoren die Motoren mit im Zylinderkopf hängenden Ventilen.

Da betrachten wir zuerst den Fall, daß die Zündstelle zentral oder nahezu zentral im Zylinderkopf (Zylinderdeckel) sitzt. Diese Bauart weist die Deutzer Gasmaschine auf. Wir haben bei ihr gesehen, daß die Zündung so verläuft, daß wir für die Wege senkrecht zur Strömungsrichtung keine besondere Rechnung vornehmen müssen. Das mag seinen Grund darin haben, daß die durcheinandergewirbelten Brennfäden sich mit der gleichen Schnelligkeit auch seitlich verteilen. Wir haben jedoch beim Verlaufe der Verbrennung in dieser Maschine auch gesehen, daß die starke Wirbelung, die durch die plötzliche starke Querschnittserweiterung des Kompressionsraumes verursacht wird,

[1]) Es sei hier nochmals betont, daß wir bei Motoren mit zerklüfteten Kompressionsräumen mit Hilfe der Grenzschichttheorie nur Näherungswerte oder höchstens gute Zufallsergebnisse erhalten; aus diesem Grunde wurden für solche Motoren keine Gebrauchsformeln aufgestellt.

für ganz kurze Zeit eine sprunghafte Steigerung der Zündgeschwindigkeit hervorruft, was ja auch durch unsre Annahme der Fortpflanzung der Verbrennung durch Wirbelfäden erklärt wird. Eine Gesetzmäßigkeit bei dieser Geschwindigkeitssteigerung kennen wir nicht. Sie läßt sich jedenfalls durch Anbringung ganz außerordentlich verschiedener Querschnitte nicht beliebig steigern, wie die ungünstigen Erfahrungen mit dem „Schußkanal", d. h. einer engen Bohrung im Verdichtungsraum, an deren Ende die Zündkerze sitzt, beweisen. Es dürfte vielmehr ein gewisses Verhältnis von Länge und Querschnittserweiterung dieses Kanals notwendig sein, um diese Steigerung der Zündgeschwindigkeit zu erzielen, denn sonst müßte der in der andern Richtung extreme Fall, eine flache Mulde oder Vertiefung, in der die Zündkerze sitzt, eine ähnliche Wirkung erzielen, wie sie bei der Deutzer Gasmaschine zu beobachten ist.

Das ist aber zweifellos nicht der Fall, weil eben die in einem so kleinen Raume enthaltene geringe Gasmenge selbst bei großen Querschnittsunterschieden keine verstärkte Wirbelung hervorrufen kann. Dasselbe gilt auch für den Schußkanal.

Auch die bei der Deutzer Gasmaschine beobachtete Steigerung der Zündgeschwindigkeit bringt keinen Vorteil. Denn der Kompressionsraum wird durch seine Verengung am Ende länger als wenn er durchwegs gleichen Querschnitt wie der Zylinder hätte; dadurch wird der Vorteil der höheren Zündgeschwindigkeit infolge der plötzlichen starken Querschnittserweiterung wieder aufgehoben, weil die Strecken, die die Brennfäden zu durchlaufen haben, größer sind als im zweiten Fall. Auch wird die Oberfläche des Verdichtungsraumes größer. Wir sehen also, daß wir bei Motoren, die einen Kompressionsraum von ähnlichem Querschnitt wie der Zylinder haben oder deren Verdichtungsraum mit ziemlich gleichmäßiger, nicht zu starker Querschnittserweiterung in den Zylinder übergeht, zum Durchschlagen der Zündung senkrecht zur Zylinderachse keine Zeit anzusetzen brauchen, wenn die Zündstelle zentral oder nahezu zentral am Abschluß des Kompressionsraumes sitzt. Bis zu welchen Zylinderbohrungen dies gilt, kann nicht mit Sicherheit gesagt werden, doch scheinen die Erfahrungen an großen Gasmaschinen[1]) dafür zu sprechen, daß die obere Grenze der Bohrung hierfür so hoch liegt, daß wir näherer Untersuchungen im allgemeinen nicht bedürfen.

Bei der Anbringung der Kerze seitlich und tief am Verbrennungsraum erscheint für den ersten Augenblick die Frage komplizierter. Doch können wir am Beispiel des B.M.W. ersehen, daß selbst bei größeren

[1]) Es sei hier nur auf die Güldnermotoren hingewiesen, welche zylindrischen Verdichtungsraum vom gleichem Querschnitt wie der Zylinder selbst und die Zündstelle zentral im Zylinderdeckel besitzen.

Bohrungen zwei Zündkerzen, einander nahezu oder ganz gegenüber angebracht, dieselbe Wirkung erzielen wie sie unmittelbar vorher geschildert wurde. Bei kleineren Bohrungen kommen wir mit einer Kerze aus. Dies wird durch die praktische Erfahrung bekräftigt, daß bei schnellaufenden Motoren mit kleinerer Bohrung (bis zu 80—85 mm) die Anbringung einer zweiten Zündkerze meistens keine Leistungserhöhung mit sich bringt, der Verbrennungsvorgang also hierdurch keine wesentliche Beschleunigung erfährt. Wir werden also bei kleineren Bohrungen auch bei bloß einer seitlich und tief angeordneten Kerze unsern bisher eingehaltenen Rechnungsvorgang bei der Ermittlung der Verbrennungsdauer beibehalten können, während wir bei größeren Bohrungen dies bei zwei Kerzen auch tun können. Sogar wenn bei größeren Bohrungen nur eine Kerze angebracht ist und zwar in einem z. B. konischen oder dachförmigen Kompressionsraum, an einer Stelle, wo dessen Querschnitt bedeutend kleiner ist als der des Zylinders, können wir, wie ein später folgendes Beispiel zeigt, den bisherigen Rechnungsvorgang anwenden. Ist dieser Querschnittsunterschied aber nicht vorhanden, so entsteht durch Vernachlässigung der Zeit, die die Wirbel brauchen, um die Brennfäden an die gegenüberliegende Zylinderwand zu bringen, zweifellos ein Fehler in der Errechnung der Verbrennungsdauer und somit auch in der ganzen Wärmebilanz. Ein Beweis hierfür ist, daß bei Motoren mit großer Bohrung, bei denen die Kerze so angeordnet ist, wie gerade geschildert, nämlich seitlich und tief an einer Stelle mit einem Querschnitt ähnlich der Kolbenfläche, die zentral oder nahezu zentral oben liegende Kerze bessere Leistungen ergibt, obwohl, wie wir später im Absatz IV zeigen werden, die erstgenannte Anordnung an und für sich die günstigere ist, was ja auch die Praxis mit der gerade erwähnten Ausnahme erwiesen hat. Auf welche Weise wir nun bei dieser, hier ungünstigen Anbringungsweise der Kerze den Fehler korrigieren können, muß weiteren Untersuchungen vorbehalten bleiben, deren Bedeutung aber nicht groß ist, denn man legt die Kerze doch eben nicht dorthin, wenn man weiß, daß sie dort (bei großer Bohrung seitlich und tief an einer Stelle großen Querschnittes) ungünstigere Leistungen ergibt als oben.

Ähnlich liegt der Fall bei Motoren mit seitlich ausladendem Kompressionsraum und nebeneinanderliegenden Ventilen. Wir können da Analogieschlüsse ziehen, um so mehr als wir gesehen haben, daß beim Dion, der einen ähnlichen Kompressionsraum aufweist, infolge der Anordnung der Kerze in der Mitte der Wand, welche den Verdichtungsraum senkrecht zur Strömungsrichtung abschließt, die Entfernungen senkrecht zur Strömungsrichtung keinen Einfluß auf die Verbrennungsdauer haben; denn eine noch langsamere Verbrennung als wie wir sie errechnet haben, ist mit den Ergebnissen kaum vereinbar. Liegt aber die Kerze oberhalb der Ventile[1]) und ist der Raum, in dem die Ventile sitzen, sehr breit wie z. B. beim Benzmotor, der zu den Versuchen von Terres[11]) gedient hat, so sehen wir auf Grund der ungewöhnlich großen unverbrannten Gasmengen bei dessen Untersuchungen, daß da die Entfernungen senkrecht zur Strömung, die die Brennfäden zu durchlaufen haben, also die Breite des Kompressionsraumes, bereits eine bedeutende Rolle spielen. Auch hierbei können wir zurzeit keinen Rechnungsvorgang finden, der diesen Umstand berücksichtigt.

2. Der Wärmeübergang durch Leitung auf Kolben und Abschluß des Kompressionsraumes ist, wie bereits besprochen, mit Hilfe der Grenzschichttheorie nicht zu bestimmen, da beiden gegenüber die benachbarte Gasschicht während des Expansionstaktes relativ in Ruhe befindlich ist, wenn wir von der Wirbelung absehen. Für in Ruhe befindliches Gas gibt uns aber die Grenzschichttheorie keinen Aufschluß über den Wärmeübergang. Nun geben uns aber die Versuche von Nusselt[10]) in der Bombe dafür Anhaltspunkte. Bei der Verbrennung in der Bombe kann, abgesehen von einer kurzen Strömung, die durch das Fortschreiten einer Brennfläche im in Ruhe befindlichen Gas hervorgerufen wird, eine Gasbewegung nur durch Wirbelung in ganz unregelmäßiger Weise entstehen. Diese Strömung kann aber wegen ihrer nur ganz geringen Dauer keine große Rolle im Wärmeübergang spielen. Es lägen dann also die Verhältnisse beim Wärmeübergang ganz ähnlich wie die am Kolben und am Abschluß des Kompressionsraumes. Es liegt daher nahe, den von Nusselt für die Bombe gefundenen Ausdruck:

$$\alpha = 0{,}0178 \cdot T \cdot \varrho^{2/3} \text{ in kg-Cal/m}^2\,\text{h}\,{}^0\text{C} \tag{16}$$

für die Berechnung des Wärmeüberganges an diese Teile anzuwenden, um so mehr, als Nusselt ja auch diesen Ausdruck für den Wärmeübergang in der ganzen Maschine ansetzt. Allerdings dürfte der Faktor $1 + 1{,}24\,c_m$, den Nusselt für die Maschine gebraucht, hier keine Anwendung finden, da es dahingestellt bleiben muß, welchen Einfluß die Stärke der Wirbel hier auf den Wärmeübergang hat, und in diesem Falle die Kolbengeschwindigkeit ja nur die Stärke der Wirbel ändert. Vermutlich ist hier die Wirbelungsstärke ziemlich gleichgültig, denn es ist unwahrscheinlich, daß sich bei den zahlreichen Versuchen in Bomben verschiedener Größe und unter sonst verschiedenen Verhältnissen die Stärke der Wirbel nicht geändert haben dürfte.

Für den praktischen Gebrauch wurde nun der genannte Ausdruck von Nusselt in eine Formel für den Abschluß des Kompressionsraumes [Formel (22)] und eine Formel für den Kolben [Formel (24)] umgewandelt (siehe Formel-Zusammenstellung).

---

[1]) Also an einer Stelle, wo die Wand parallel zur Strömungsrichtung liegt.

Daß uns diese Formeln richtige Ergebnisse liefern, zeigen die nachfolgenden Ausführungen:

Es wurde der gesamte Wärmeübergang durch Leitung und Strahlung auf den Gußeisenkolben eines 45-PS-Daimler-Lastwagenmotors, der im Anhange und in [18]) beschrieben ist, sowohl während des Expansions- wie während des Auspuffhubes gerechnet[1]). Hierbei wurden die Formeln (24) und (20) für die Wärmeleitung, die Formeln (25) und (30) für die Wärmestrahlung beim Explosions- und Auspuffhub benutzt. Es ergibt sich eine Gesamtwärmeaufnahme von 16,5 g cal für die beiden betrachteten Hübe eines Viertaktspieles.

Da nun im allgemeinen der Gußeisenkolben der Teil des Motors ist, der sich am frühesten überhitzt, somit seine Temperatur das Kompressionsverhältnis, das ohne harten Gang des Motors noch möglich ist, bestimmt, so kann ein ungefährer Anhaltspunkt über seine Temperatur am Ende des Auspuffhubes, also beim Eintreten des frischen Gemisches, durch dessen Zündtemperatur gewonnen werden. Da diese für Benzin-Luft-Gemisch zwischen 415 und 460° C liegt, wird die höchste zulässige Temperatur des Kolbens am Beginne des Saughubes wohl zwischen 370 und 400° C liegen, da sich bei einer abnormalen Überhitzung des Kühlwassers um 20 bis 40° C meist Frühzündungen zeigen, die der in diesem Falle zu heiße Gußeisenkolben hervorruft.

Nun läßt sich das Temperaturgefälle im Kolben mit genügender Genauigkeit auf folgende Weise errechnen:

Das Temperaturgefälle des Kolbenbodens ergibt sich aus der Formel:

$$T_K - T_{KR} = 0{,}478 \cdot \frac{W_K \cdot n}{d \cdot \lambda}, \qquad (17)$$

worin W_K die gesamte Wärmeaufnahme des Kolbens in g cal während Explosions- und Auspuffhub, n die Drehzahl in der Minute, d die durchschnittliche Stärke des Kolbenbodens in cm und λ die Wärmeleitzahl des Kolbenmaterials in kg-Cal/m²h pro m und °C darstellt.

Die Werte für das Temperaturgefälle, die mit dieser Formel erhalten werden, stehen in sehr guter Übereinstimmung mit den Messungen von Becker[18]) an Kolben verschiedenster Materialien (Gußeisen, Hirth B, Griesheim-Elektron, Kupfer). (Siehe auch Seite 59.)

Nicht so einfach ist die Bestimmung des Temperaturgefälles im Kolbenschaft. Dieser gibt an seiner ganzen Außenfläche Wärme an die Zylinderwand ab. Diese Wärmeabgabe muß sich nun nach den allgemein gültigen Regeln der Wärmeübertragung so verhalten wie das Temperaturgefälle zwischen den einzelnen Stellen des Kolbenschaftes und der

[1]) Die gesamten Ergebnisse der Rechnung bei diesem Motor finden sich in einem späteren Absatz (Seite 68).

Zylinderwand. Dabei können wir annehmen, daß dieses am unteren Schaftende gleich Null, die ganze Wärme also abgeleitet ist, wozu uns auch die Ergebnisse von [18]) berechtigen. Auch können wir ohne großen Fehler die Wärmeableitung durch Kolbenaugen, Kolbenbolzen und Pleuelstange vernachlässigen, denn erstens sind da die Materialquerschnitte nicht groß, zweitens sind zwischen diesen Teilen Luft- bzw. Schmiermittelschichten, drittens wird zwischen den genannten Teilen Reibungswärme erzeugt.

Diese beiden letzten Punkte treffen allerdings auch zwischen Kolbenschaft und Zylinderwand zu, doch können wenigstens über Punkt 2 die Untersuchungen von Becker[18]) einigen Aufschluß erteilen, bei denen das Temperaturgefälle im Kolbenschaft sowohl an reinen wie betriebsmäßig berußten und fetten Kolben gemessen wurde.

Den dritten Punkt, die Frage der Reibungswärme, können wir mangels jeglicher Erfahrungszahlen nicht klären; wir müssen eben damit zufrieden sein, daß wir wissen, daß infolge der erzeugten Reibungswärme der Kolben etwas wärmer wird als unsere Rechnung ergibt.

Sehr groß kann jedoch dieser Unterschied nicht sein, da erfahrungsgemäß die gesamte Kolbenreibungsarbeit nur etwa 2 bis $4\,^0/_0$ in der Wärmebilanz beträgt [siehe auch [22])] und die größte Reibung zwischen den Kolbenringen und der Zylinderwand auftritt; die Kolbenringe müssen aber stets ein, wenn auch sehr geringes, Spiel in den Ringnuten haben und überdies sind die Berührungsflächen zwischen Ringen und Nuten sehr klein und noch dazu meist fett; daher kann zwischen Kolbenringen und Kolben keine große Wärmeübertragung stattfinden.

Nun sind Ähnlichkeitsrechnungen auf Grund der Ergebnisse von [18]) äußerst langwierig und ergeben auch zweifelhafte Resultate.

Es wurde daher zur Bestimmung des Temperaturgefälles im Kolbenschaft eine rein empirische Näherungsformel verwendet, welche trotz ihrer prinzipiellen Unrichtigkeit (Dimensionsfehler) Werte ergibt, die mit denen von Becker[18]) sehr gut übereinstimmen, wie wir später zeigen werden.

Diese Formel lautet:

$$T_{KR} - T_{KU} = \sqrt{\frac{W_K \cdot l_K \cdot n}{0{,}13 \cdot \lambda \cdot D \cdot d}}. \tag{18}$$

Hierin ist D die Bohrung in cm, W_K, n und λ haben dieselbe Bedeutung wie in Formel (17) für den Kolbenboden, l_K ist die Länge des Kolbenschaftes von seinem oberen Berührungspunkt mit dem Zylinder bis zu seinem unteren Ende in cm, d seine durchschnittliche Stärke in cm, wobei die Kolbenringe nicht eingerechnet werden.

Wir wollen jetzt die Übereinstimmung der Ergebnisse aus den Formeln (17) und (18) mit den von Becker gemessenen Werten zeigen:

Kolben	Temperaturgefälle gemessen		Temperaturgefälle gerechnet	
	Kolbenboden	Kolbenschaft	Kolbenboden	Kolbenschaft
Gußeisen rein	26°	37°	27°	32°
„ berußt . . .	47°	49°	70°	51°
Griesheim-Elektron rein	4°	11°	4°	11°
„ berußt	10°	21°	10°	18°
Hirth B rein	3°	17°	3°	14°
„ berußt	7°	26°	8°	22°
Kupfer	ca. 1,5°	5°	2,1°	6,5°

Wir sehen, daß die Formeln (17) und (18), letztere trotz ihrer Fehlerhaftigkeit, sehr gute Werte liefern.

Wir erhalten nun für den Gußeisenkolben des 45-PS-Daimler bei $n = 838$ und Vollgas bei einer Gesamtwärmeaufnahme des Kolbens von 16,5 g cal:

Unteres Kolbenschaftende $T_{KU} = T_w = 130^0$ C
Bodenrand $T_{KR} = 210^0$ C
Bodenmitte $T_K = 380^0$ C

$T_{KR} - T_{KU} = 80^0$ aus Formel (18)
$T_K - T_{KR} = 170^0$ aus Formel (17).

Wir sehen, daß die Temperatur des Kolbenbodens sehr gut mit der erwarteten übereinstimmt, also unsere Berechnung des Wärmeüberganges auf den Kolben und des Temperaturgefälles in demselben genügende Genauigkeit besitzt.

Inwiefern die Berücksichtigung des Wärmeüberganges durch Leitung auf den Kolben und den Abschluß des Kompressionsraumes bei Anwendung der Formeln (22) und (24) das Gesamtergebnis der Wärmebilanz ändert, zeigt deren endgültige Aufstellung für den B.M.W. Wir erhalten dann (ohne Berücksichtigung der Ansaug- und Ausschubarbeit):

N_i: 281,3 cal/Expl. Hub $\eta_i = 37{,}3\,\%$
W_E: 91,3 cal/Hub . . . . 12,1 %

Nach dem „Abzugverfahren“[21]) ergibt sich dann, da die Ansaug- und Ausschubarbeit etwa 25,8 g cal pro Viertaktspiel und Zylinder, insgesamt also ungefähr 5,9 PS beträgt (siehe auch Seite 36):

$N_i = 58{,}8$ PS, $\eta_i = 33{,}9\,\%$, $\eta_{\text{mech}} = 83{,}2\,\%$ (gerechnete Werte)
$N_e = 48{,}9$ PS (gemessener Wert).

Wir sehen, daß die gerechneten Werte jetzt sehr gut mit der gemessenen Leistung übereinstimmen.

3. Wie schon erwähnt wurde, dürfte der Wärmeübergang während der Entspannung und des Ausschiebens der Gase recht bedeutend sein. Es sei hier auf die Untersuchungen in Güldner[1]) S. 569 hingewiesen, wo an großen Maschinen (300 PSZwilling) am Auspuffventil 13 % und am Auspuffkrümmer ungefähr 10 % des gesamten Wärmeüberganges ins Kühlwasser gemessen wurden. Es fehlt uns aber jede Möglichkeit, den Wärmeübergang bei der Entspannung und beim Ausschieben der Gase im ganzen im voraus zu berechnen. Lediglich im nachhinein ist die ungefähre Errechnung an der ausgeführten Maschine möglich, wie wir das auch an zwei Beispielen durchführen werden. Nun spielt aber dieser genannte Wärmeübergang bei der Errechnung der Leistung einer Neukonstruktion gar keine Rolle, so daß also durch die Unmöglichkeit seiner Erfassung kein Nachteil erwächst. Bei der Konstruktion der Kühlvorrichtungen kann allerdings auch weiterhin die Kühlwasserwärme nur durch Schätzung berücksichtigt werden.

Wichtig für die Konstruktion ist aber bei Motoren mit Gußeisenkolben die Temperatur derselben, um die höchste zulässige Verdichtung im vorhinein bestimmen zu können. Den Wärmeübergang auf den Kolben während des Explosionshubes haben wir unmittelbar vorher dargestellt, derjenige während des Auspuffhubes ermittelt sich für die Wärmestrahlung aus derselben Formel wie beim Explosionshub, da hierbei die Dichte des Gases keine Rolle spielt, für die Wärmeleitung hingegen ist am einfachsten der Ausdruck von Nusselt (siehe vorher)

$$0{,}99\,\sqrt[3]{p\cdot T}\ \text{in kgCal/m}^2\cdot\text{h}\,{}^0\text{C}, \tag{19}$$

also auf gcal, Kolbenfläche und Hubdauer umgerechnet:

$$W_{lK} = 0{,}648\cdot 10^{-3}\cdot \sqrt[3]{p\cdot T}\cdot (T - T_{KM})\cdot \frac{D^2}{n}, \tag{20}$$

worin p durch Schätzung mit 1,1 bis 1,2 Atm. angenommen werden kann, während T_{KM} für die erste Näherung geschätzt werden muß[1]).

4. Um die Berechnung von Motoren nach der Grenzschichttheorie für die Praxis brauchbar zu machen, müssen wir trachten, die äußerst zeitraubende und zahlreiche graphische Integrationen notwendig machende Bestimmung der Grenzschicht selbst und des Wärmeüberganges zu vereinfachen. Als Anhaltspunkt hierfü kann Formel (4d) dienen, mittels der wir die organisch ähnliche Zusammensetzung der durch die Grenzschichttheorie erhaltenen Formeln mit der von Nusselt empirisch ermittelten gezeigt haben. Um diese Formel (4d) jedoch den Ergebnissen der Grenschichttheorie völlig anzupassen und nicht nur Durchschnittswerte zu berechnen, müssen wir einige bei (4d) gemachte

[1]) Die Formeln (20) und (30) gelten natürlich nur für ebene oder sehr flach gewölbte Kolbenböden.

Vereinfachungen wieder weglassen. So ist es bei Anspruch auf Genauigkeit unzulässig, $T^{3/4}$ durch $\frac{T}{T^{1/4}}$ zu ersetzen und für $T^{1/4}$ einen Mittelwert als Konstante einzuführen. Auch müssen wir im Gegensatze zu (4d) unbedingt die mit der Hubstellung sich ändernde Grenzschichtdicke

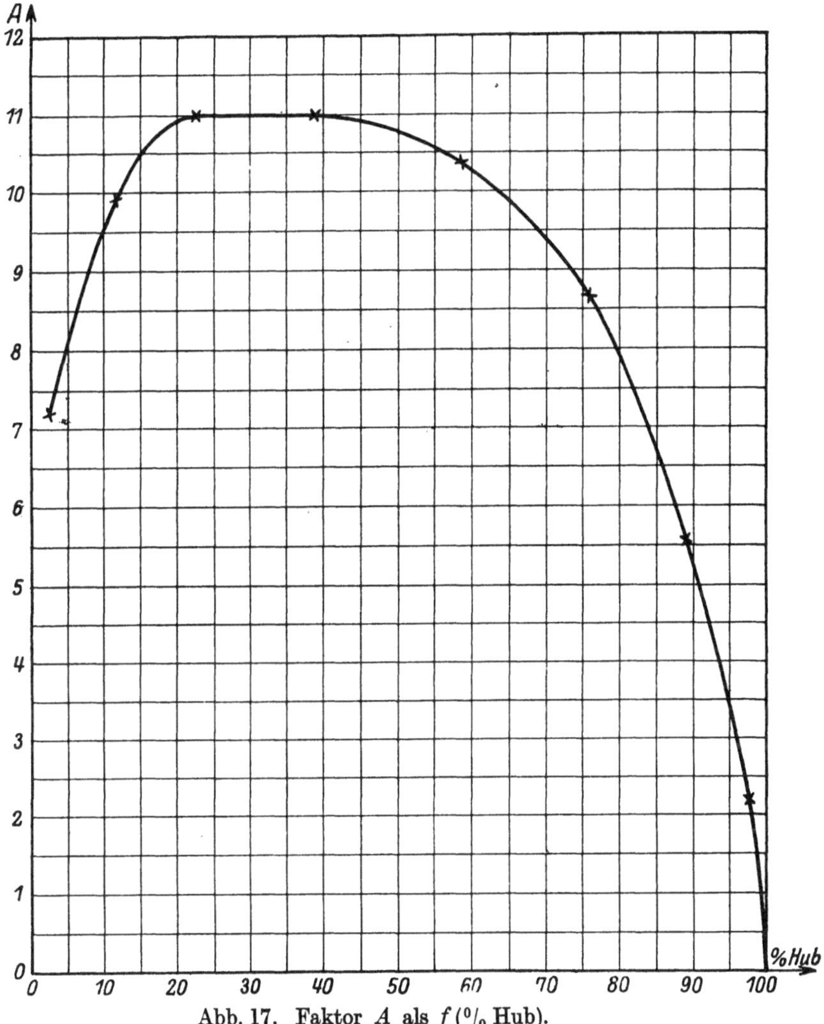

Abb. 17. Faktor A als f (%$_0$ Hub).

und die sich dadurch ergebende Änderung der Wärmeübergangszahlen berücksichtigen. In Abb. 17 ist über der Kolbenstellung in Prozenten des Hubes ein Faktor A aufgetragen, der diese Änderung auf Grund einer Reihe von Durchschnittswert-Ermittlungen berücksichtigt und der für die jeweils betrachtete Hubstellung derart der Kurve zu entnehmen ist, daß der Mittelwert der Kolbenstellungen am Anfang und am Ende der zu rechnenden Stufe als Abszisse genommen wird, also z. B. bei 100 mm Hub und Errechnung der Stufe „Kolbenstellung 1 bis 3“ der Mittelwert von $10 + 30 = 20\,\%$.

Ferner führen wir in alle unsre Formeln Werte ein, die dem Konstrukteur auf Grund seiner Erfahrungen der Schätzung nach geläufig sein müssen wie Lieferungsgrad, Ansaugtemperatur der Luft und Mischungsverhältnis, wogegen sämtliche Werte, die bei der Konstruktion belanglos sind, wie Molzahlen, Dichte, Gaszähigkeit usw., durch die gerade genannten ausgedrückt oder durch genügend genaue Mittelwerte ersetzt sind. In den nachstehend gebrachten Formeln für den praktischen Gebrauch haben alle Bezeichnungen die bereits erklärte Bedeutung, l ist die Entfernung des Kolbens vom Abschluß des Kompressionsraumes in cm in der betrachteten Kolbenstellung, l_a diese Entfernung am Anfang und l_e die am Ende einer betrachteten Stufe; t bedeutet die zur Zurücklegung der betrachteten Stufe vom Kolben benötigte Zeit in sek; c_m ist in diesen Formeln in m/sek ausgedrückt.

Wir erhalten somit für den Expansionshub:

Wärmeübergang durch Leitung an die Wand des Zylinders und Kompressionsraumes:

$$W_{lZ} = 10^{-6} \cdot A \cdot D \cdot (\eta_l \cdot c_m \cdot s)^{3/4} \cdot \left(\frac{T}{l}\right)^{3/4} \cdot (T - T_w) \cdot l \cdot t. \tag{21}$$

Wärmeübergang durch Leitung an den Abschluß des Kompressionsraumes:

$$W_{lD} = 10^{-6} \cdot 0{,}5 \cdot D^2 \cdot \left(\eta_l \cdot \frac{s}{l}\right)^{2/3} \cdot T \cdot (T - T_w) \cdot t. \tag{22}$$

Wärmeübergang durch Strahlung an Zylinder und gesamten Kompressionsraum einschließlich Abschluß (Zylinderdeckel):

$$W_{sZ+D} = 10^{-5} \cdot D \cdot \pi \cdot \left(\frac{T}{100}\right)^4 \cdot \left(\frac{D}{4} + l\right) \cdot t. \tag{23}$$

Wärmeübergang durch Leitung an den Kolben[1]):

$$W_{lK} = 10^{-6} \cdot 0{,}5 \cdot D^2 \cdot \left(\eta_l \cdot \frac{s}{l}\right)^{2/3} \cdot T \cdot (T - T_{KM}) \cdot t. \tag{24}$$

Wärmeübergang durch Strahlung an den Kolben[1]):

$$W_{sK} = 10^{-6} \cdot 7{,}86 \cdot D^2 \left(\frac{T}{100}\right)^4 \cdot t. \tag{25}$$

[1]) Diese Formeln sind nur für ebene oder sehr flach gewölbte Kolbenböden genau.

Die gesamte an den Kolben auf dem Kolbenweg von l_a bis l_e abgegebene Leistung N_g (einschließlich Kompressionsarbeit) wird dargestellt durch:

$$N_g = 0{,}155 \cdot 10^{-3} \cdot \eta_l \cdot D^2 \cdot s \cdot \frac{l_e - l_a}{l_e + l_a} \cdot T. \tag{26}$$

Der Druck p in Atm. im Arbeitsdiagramm ergibt sich aus:

$$p = 4{,}1 \cdot 10^{-3} \cdot \eta_l \cdot s \cdot \frac{T}{l}. \tag{27}$$

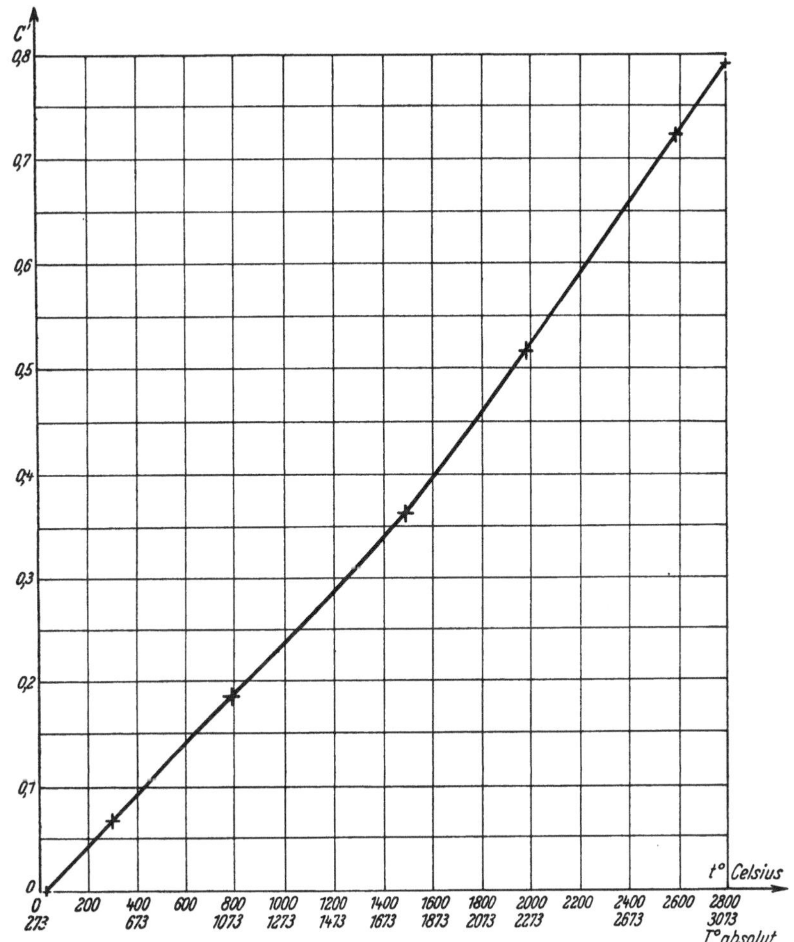

Abb. 18. C' als f (t^0 C) und als f (T^0 abs.), angefangen bei 15° C.

Ferner benötigen wir noch die bei jedem Krafthub entwickelte Gesamtzahl der Kalorien (in gcal), die sich durch den Ausdruck

$$0{,}58 \cdot 10^{-4} \cdot \eta_l \cdot D^2 \cdot s \cdot H_u \tag{28}$$

ergibt.

Um nun für jedes Gemisch und jeden Motor die spezifische Wärme der Ladung nicht gesondert ermitteln zu müssen, ist in Abb. 18 auf Grund der Werte von Nernst[13]) für ein Durchschnittsverbrennungsgas eine Kurve über der Temperatur aufgetragen, deren entsprechende Ordinaten C' durch den Quotienten

$$C' = \frac{J}{\eta_l \cdot D^2 \cdot s} \tag{29}$$

gefunden werden, wobei J den jeweiligen Energie-Inhalt des Gases in gcal darstellt. Hierbei muß jedoch stets zu J auch die Kompressionsarbeit dazu gezählt werden, da die Kurve in Abb. 18 im Gegensatze zu den Kurven in Abb. 5 nicht mit der Kompressionsendtemperatur, sondern mit 15° C beginnt. Es ist somit möglich, ohne weitere Rechnungen durch Formel (29) und Abb. 18 die Temperatur des Gases aus seinem J oder umgekehrt zu bestimmen.

Sämtliche dieser Formeln, in denen η_l enthalten ist, gelten für eine Ansaugtemperatur von 15° C bei 735 mm Luftdruck und ein Mischungsverhältnis von 1 : 16. Ist z. B. die Lufttemperatur, für die ein Motor gerechnet werden soll, 20° C, so ist bei allen Formeln, in denen η_l enthalten ist, η_l mit dem Faktor $\frac{1{,}167}{1{,}188}$ zu multiplizieren, wobei hier 1,167 das spezifische Gewicht von Luft für 20° C und 735 mm Druck, 1,188 dasselbe für 15° C und 735 mm Druck ist.

Ist ein anderes Verhältnis der Gewichte Brennstoff : Luft vorzusehen als 1 : 16, so ist bei sämtlichen Formeln, in denen η_l enthalten ist, mit Ausnahme von Gleichung (28) für die entwickelte Gesamtkalorienzahl, η_l mit $\frac{16}{17}$ und dem gewünschten Mischungsverhältnis + 1, z. B. bei 1 : 15 mit $1 + \frac{1}{15} = \frac{16}{15}$, also mit $\frac{16}{17} \cdot \frac{16}{15}$ zu multiplizieren.

Bei der genanten Formel (28) für die entwickelte Gesamtkalorienzahl pro Hub ist nur η_l durch 1 : 16 zu dividieren und mit dem gewünschten Mischungsverhältnis zu multiplizieren, also z. B. bei 1 : 15

$$\eta_l \cdot \frac{16}{1} \cdot \frac{1}{15}.$$

Da sich aber, wie eine einfache Überlegung zeigt, die erhaltenen Werte bei geringfügigen Änderungen des Mischungsverhältnisses nur wenig ändern, wird in vielen Fällen als Näherung das in den Formeln angenommene Mischungsverhältnis 1 : 16 genügen, nur bei der letztgenannten Formel für die pro Hub entwickelten Kalorien hat das Mischungsverhältnis einen größeren Einfluß.

Bei den Formeln, in denen η_l nicht enthalten ist, spielen weder Lufttemperatur noch Mischungsverhältnis eine Rolle.

Bei den erstgenannten Formeln ist angenommen, daß die Rückstände an Verbrennungsgasen, welche auch nach dem Auspuffhub noch im Zylinder verbleiben, 12 bis 14 % der gesamten Ladung darstellen, welche Zahlen aus einer größeren Reihe von Motoren als Durchschnittswert ermittelt wurde. Im übrigen sei erwähnt, daß die größten ermittelten Rückstände an 15 %, die kleinsten an 11 % betrugen, also der Durchschnittswert von 12 bis 14 % genügend genau ist.

Die hier gebrachten Formeln sind genügend einfach, um die Anwendung der Grenzschichttheorie in der Praxis zu ermöglichen, da selbst bei langhubigen Motoren die Errechnung nur weniger Stufen genügt, wie das im Absatz II, 4 (Seite 52) gebrachte Beispiel des B.M.W. zeigt. Es darf hierbei aber nicht außer acht gelassen werden, daß die ersten und letzten Stellungen kleinere Intervalle haben sollen als die mittleren. Auch empfiehlt es sich, als letzte Stellung vor dem Hubende ungefähr den Eröffnungspunkt des Auspuffventils anzunehmen.

Es ist dann bei dieser letzten Stufe, insbesonders bei Schnelläufern mit großer Voreröffnung des Auspuffventils, theoretisch nicht angängig, das für diese Stufe errechnete N_g mit seinem vollen Wert bei der Aufstellung der Wärmebilanz einzusetzen, da ja die Verbrennungsgase bereits durch das Auspuffventil auszuströmen beginnen und daher der Druck im Zylinder fällt. Es müßte daher zur näherungsweisen Bestimmung des N_g dieser Stufe der Druckverlauf im Diagramm vom Eröffnungspunkt des Auspuffventils bis zur Kolbentotlage schätzungsweise eingetragen und N_g für diese (letzte) Stufe aus dem Diagramm auf Grund dieser geschätzten Entspannung des Gases entnommen werden. Dabei haben aber selbst weitgehende Fehler bei der Annahme des Diagrammverlaufes in der letzten, kleinen Stufe gar keinen Einfluß auf das gesamte abgegebene N_g, da das N_g der letzten Stufe stets sehr klein bleibt. Aus diesem Grunde erübrigt sich meistens der eben geschilderte Vorgang. Die Verkleinerung der Wärmeleitung durch Abnahme der Dichte infolge des Ausströmens des Gases durch das Auspuffventil kann hierbei stets vernachlässigt werden.

Die Berechnung des Wärmeüberganges auf den Kolben während des Auspuffhubes und die Errechnung der Kolbentemperaturen haben wir bereits mittels vereinfachter Formeln gezeigt.

Zur Überprüfung der vorstehend angeführten Gebrauchsformeln für den Expansionshub auf ihre Genauigkeit wollen wir jetzt mit ihrer Hilfe noch einen Schnelläufer als Beispiel durchrechnen:

Der Versuch wurde mit einem 12/40-PS-Sechszylinder-Steyr-Personenwagenmotor Type 5, der im Anhange beschrieben ist, an der Versuchsanstalt für Kraftfahrzeuge in Wien durchgeführt.

Es sei gleich im vorhinein ausdrücklich bemerkt, daß dieser Versuch zur Erprobung von Kolbenringen diente, wobei der Motor mit den verschiedensten Vergasereinstellungen lief. Ich habe nun den nachstehenden Versuchswert willkürlich aus der ganzen Reihe herausgegriffen, um zu zeigen, daß die Formeln auch Änderungen in der Vergasereinstellung (Mischungsverhältnis) und der Lufttemperatur gut berücksichtigen. Es sei also nochmals betont, daß der Motor bei diesem Versuch weder auf sparsamsten Verbrauch noch auf größte Leistung einstellt war (bei der günstigsten Einstellung ergibt der Motor über 50 PS bei einem η_w von etwa 28 bis 29 %), ferner, daß der Motor mit Ventilator und Lichtmaschine lief.

12/40 PS Steyr-Sechszylinder.

Versuchswerte.

N_e	43,68 PS
Brennstoffverbrauch pro PS-Stunde	305 g
n	2400
Vorzündung	30°
Lufttemperatur	24° C
Kühlwassertemperatur	80° C
Luftdüse	26
Brennstoffdüse	130
Korrekturdüse	140
Brennstoff	Benzin
Verdichtungsverhältnis	1 : 4,5

Annähernd ermittelte Werte.

Mischungsverhältnis	~ 1 : 15
η_e	~ 73 %

Gerechnete Werte.

N_i[1])	79,2 g cal/Explosionshub 54 PS
η_i	25,6 %
η_{mech}	81 %
W_{lZ}	23 g cal/Explosionshub
W_{lD}	2 „
W_{lK}	1,8 „
W_{sZ+D}	7,5 „
W_{sK}	1,3 „
W_E	35,6 g cal 11,5 %

[1]) Die Ansaug- und Ausschubarbeit wurde annähernd zu 9,1 g cal pro Viertaktspiel und Zylinder ermittelt und ist bei N_i nach dem „Abzugverfahren"[21]) berücksichtigt.

Die Übereinstimmung der rechnerischen Ergebnisse mit dem gemessenen N_i zeigt der erhaltene Wert von η_{mech}, der in Anbetracht der hohen Drehzahl und des Mitlaufens von Ventilator und Lichtmaschine wohl als zutreffend bezeichnet werden kann.

5. Schließlich ist noch die Frage zu beantworten, ob unsre Formeln nur, wie ursprünglich angenommen, für Benzin als Brennstoff gelten oder ob sie auch für Benzol brauchbare Werte ergeben. Da nun die Verbrennungsprodukte von Benzin und Benzol sich nur dadurch wesentlich unterscheiden, daß bei Benzin etwa doppelt soviel H_2O entsteht als bei Benzol, bei Benzol hingegen der CO_2-Gehalt größer wird, was sich annähernd ausgleicht, infolge des überwiegenden Einflusses von N_2 im Abgas aber kleine Änderungen in der übrigen Zusammensetzung vernachlässigt werden können, so gibt uns unsre Annahme eines mittleren Abgases sowohl bei der spezifischen Wärme wie bei der Zähigkeit die Möglichkeit, unsre Formeln ohne weitere Abänderung auch für Benzol und Petroleum zu verwenden.

Schwierigkeiten bereitet jedoch die Frage der Zündgeschwindigkeit der letzteren Brennstoffe. Es liegen weder über Benzol-Luftgemische noch über Petroleum-Luftgemische Untersuchungswerte über Zündgeschwindigkeiten vor. Aber bei Benzol als Betriebsstoff können wir die Zündgeschwindigkeiten ähnlich denen von Benzin setzen, da ja, wie wir bereits gesehen haben, kleine Änderungen in der Bombenzündgeschwindigkeit gegenüber der im Motor durch die Strömung auftretenden Zündgeschwindigkeit keine Rolle spielen. Auch werden erfahrungsmäßig bei gut eingestellten Vergasern und entsprechender Verdichtung mit Benzol öfters bessere Wirkungsgrade erreicht als mit Benzin. Die reine Bombenzündgeschwindigkeit des Benzols wird daher vermutlich von der des Benzins nicht sehr verschieden, aber eher etwas größer als wie kleiner als diese sein.

Es wurde daher unter der Annahme ähnlicher Bombenzündgeschwindigkeiten der 45-PS-Vierzylinder-Daimler-Lastwagenmotor, an dem Becker[10]) seine Untersuchungen gemacht hat, bei dem Versuch: „Vierstündiger Dauerlauf unter Voll-Last bei $n = 838$“ sowohl für den Gußeisenkolben wie für den Hirth-B-Aluminiumkolben nach den unmittelbar vorher angeführten Formeln errechnet.

Wir sehen, daß die nachstehenden Ergebnisse vorzüglich mit den Messungen übereinstimmen. Dabei ist zu bemerken, daß die geringen Unterschiede in den Leistungen nicht nur in der Streuung der Formeln begründet sein müssen, sondern auch durch geringe Abweichungen im Zündpunkt und in der Gemischzusammensetzung hervorgerufen sein können, da die beiden Werte nur annähernd bestimmt werden konnten.

Die Ergebnisse sind:

Hirth-B-Kolben		Gußeisenkolben		
5,5		4,1		Verdichtungsverhältnis ε
838		838		n
85		81,6		η_{mech} %
ca. 30°		ca. 30°		Vorzündung
gemessen	gerechnet	gemessen	gerechnet	
48,5	48,8	40	37	PS } N_e mit Berücksichtigung der
29,4	29,6	23,5	21,7	% } Ansaug- u. Ausschubarbeit [1])
57	57,3	49	45,3	PS } N_i mit Berücksichtigung der
34,6	34,7	28,8	26,6	% } Ansaug- u. Ausschubarbeit [1])
	372,4		295	gcal/Expl. } N_i ohne Berücksichtigung der Ansaug- und Ausschubarbeit
	59,3		47,3	PS }
	35,8		27,8	% }
	67,2		69,9	W_{lZ} an Zylinderwand } während Vorzündung und Explosionshub in gcal/Hub
	9,4		7,9	W_{lD} an Kompressionsraum-Abschluß }
	29,4		34,1	W_{sZ+D} an gesamten Zylinder }
	9,3		6,5	W_{lK} an Kolben }
	6,5		5,9	W_{sK} an Kolben }
	121,8		124,3	W_E Wärmeübergang insgesamt wähwährend Vorzündung und Explosionshub in gcal/Hub
	153		202,3	W_A Wärmeübergang insgesamt während Entspannung und Auspuffhub in gcal/Hub
28,7	26,5	35	30,7	Kühlwasserverlust in %
	1480		1710	Temperatur des Gases am Ende des Explosionshubes in ° abs.
	1178		1363	Temperatur der Abgase nach der adiabatischen Expansion im Auspuffventil in ° abs.
900		1000		Temperatur der Abgase nach dem Auspuffventil in ° abs.
	37,7		41,5	Abgasverluste in %

Über die Spalten: Wärmeübergang während der Entspannung, Temperatur der Abgase nach der adiabatischen Expansion im Auspuffventil und Abgasverlust, wäre noch folgendes zu bemerken:

[1]) Die Ansaug- und Ausschubarbeit wurde ungefähr zu 2 PS ermittelt. Ihre Berücksichtigung erfolgte nach dem „Abzugverfahren"[21]), da hierbei η_{mech} die reinen Reibungsverluste darstellt. Dieses Verfahren wurde hier gewählt, weil Becker in [18]) die reinen Reibungsverluste im Motor angibt und somit ein Vergleich seiner Werte mit unseren Rechnungsergebnissen eine genauere Unterlage hat.

Der Wärmeübergang während des Explosionshubes erreicht nicht annähernd die gemessenen Kühlwasserverluste. Mehr Wärme kann aber nicht während der Expansion übergehen, da sonst die Leistungen fallen müßten[1]).

Wir sehen auch, daß Ricardo in seinen Arbeiten[22]) den Wärmeübergang während Verbrennung und Expansion, also unser W_E, mit zusammen etwa 12% angibt; dies stimmt mit unseren Werten für W_E, die durchschnittlich 10,5 bis 12% betragen, genau überein. Ferner wissen wir aus den bisherigen Darlegungen, daß der Wärmeübergang während der Entspannung und des Ausschiebens beträchtliche Werte erreichen muß. Es war nun naheliegend, an Hand der Dia-

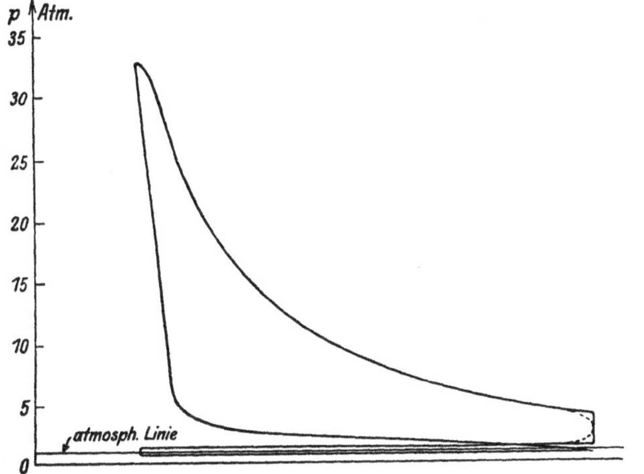

Abb. 19. Diagramm des 45-PS-Daimler mit Hirth-B-Kolben ($\varepsilon = 5{,}5$).

gramme, die für den Motor mit Hirthkolben in Abb. 19, für den mit Gußeisenkolben in Abb. 20 dargestellt sind und die nach der Formel (27) gerechnet wurden, wobei allerdings die Ansaug- und Auspufflinie nur geschätzt ist, den Temperaturabfall der auspuffenden Abgase durch adiabatische Expansion festzustellen. Das Druckverhältnis beträgt annähernd beim Aluminiumkolben $\frac{4{,}3}{1{,}2}$ Atm., beim Gußeisenkolben infolge der langsameren Verbrennung, welche in der kleineren Verdichtung begründet ist, $\frac{4{,}6}{1{,}2}$ Atm.

[1]) Wenn wir z. B. den Wärmeübergang willkürlich, aber in den einzelnen Stufen der Wärmebilanz proportional derart erhöhen, daß wir für den Explosionshub und Vorzündung beim Hirthkolben 22,4%, beim Gußeisenkolben 21,5% Wärmeverluste ins Kühlwasser erhalten, so sind diese Werte für W_E noch lange nicht so groß wie die gemessenen Kühlwasserverluste (28,7% bzw. 35%), es ergibt sich aber da schon eine derart geringe Leistung, daß η_{mech} auf 95 bzw. 102%, also auf ganz unmögliche Werte, steigen müßte, damit das gemessene N_e erreicht würde.

K wurde hierfür aus den spezifischen Wärmen der Abgase (siehe [1]), Seite 3) für die entsprechenden Temperaturen ermittelt. Die Differenz zwischen der so errechneten Temperatur des Gases nach der adiabatischen Expansion durch das Auspuffventil und der gemessenen Abgastemperatur ergibt dann einen Mindestwert für die Wärmeabgabe der ausströmenden Abgase an den Motor und somit an das Kühlwasser. Dazu kommt noch, daß ja im Zylinder Gas zurückbleibt, das bei der Eröffnung des Ventils nicht auspufft, sondern erst beim Auspuffhub ausgeschoben wird. Diese Gasmenge nimmt also nicht an der adiabatischen Expansion teil, ihr Wärmeinhalt wird nur teilweise in kinetische Energie verwandelt. Wir müssen daher die aus der adiabatischen Expansion der gesamten Ladung sich ergebende kinetische Energie durch das Verhältnis: Höchstdruck durch Enddruck der Entspannung (hier etwa $\frac{4,3}{1,2}$, bzw. $\frac{4,6}{1,2}$) dividieren und den dadurch erhaltenen Wert von ihr

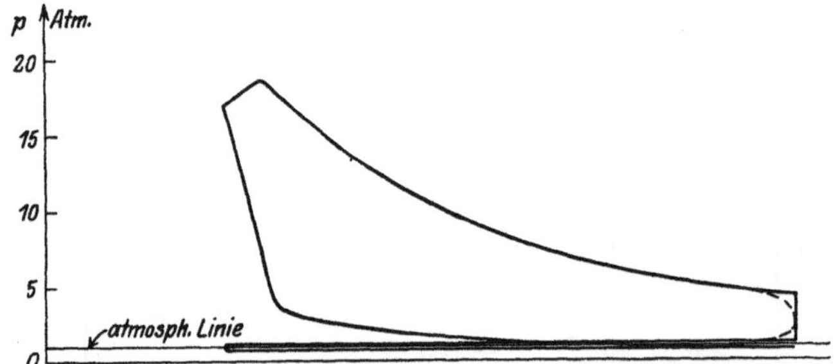

Abb. 20. Diagramm des 45-PS-Daimler mit Gußeisenkolben ($\varepsilon = 4,1$).

abziehen, um ihre ungefähre tatsächliche Größe zu erhalten. Der Wert für die Abgaswärme stellt sich dann annähernd als die Summe der jetzt erhaltenen kinetischen Energie und des aus der gemessenen Temperatur der Abgase bestimmten Wärmeinhaltes dar. W_A ist dann ungefähr der Rest in der Wärmebilanz, also die Wärmemenge, die dem Unterschied zwischen der errechneten Temperatur nach adiabatischer Expansion und der gemessenen Abgastemperatur entspricht, vermehrt um den Wert, um den wir die zuerst erhaltene kinetische Energie der gesamten Abgase mit Rücksicht auf die nicht auspuffenden, sondern auszuschiebenden Gasmengen vermindert haben. $W_E + W_A$ ergibt dann den gerechneten Kühlwasserverlust.

Wie schon erwähnt, ist es uns derzeit unmöglich, die Berechnung des Wärmeüberganges während der Entspannung und des Ausschiebens der Gase auf theoretischer Grundlage durchzuführen; nur die an den Kolben abgegebene Wärme macht hiervon eine

Ausnahme. Wir können daher den bei diesem Motor aus der gemessenen Abgastemperatur ermittelten ungefähren Wert des gesamten Kühl-

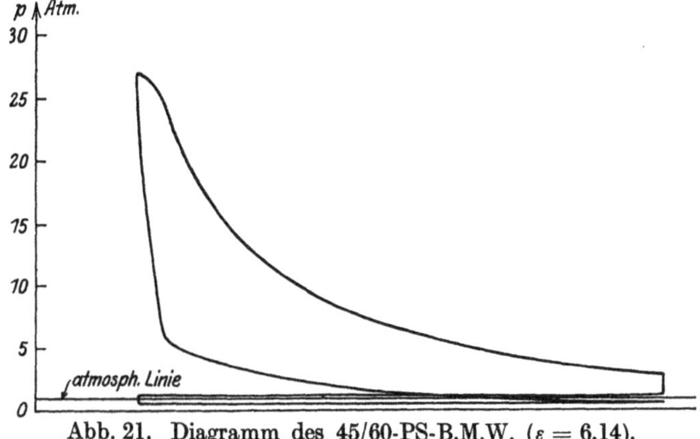

Abb. 21. Diagramm des 45/60-PS-B.M.W. ($\varepsilon = 6{,}14$).

wasserverlustes nur als interessantes Ergebnis hinnehmen, ohne uns näher damit zu befassen. Nur eines können wir dabei als bemerkenswert

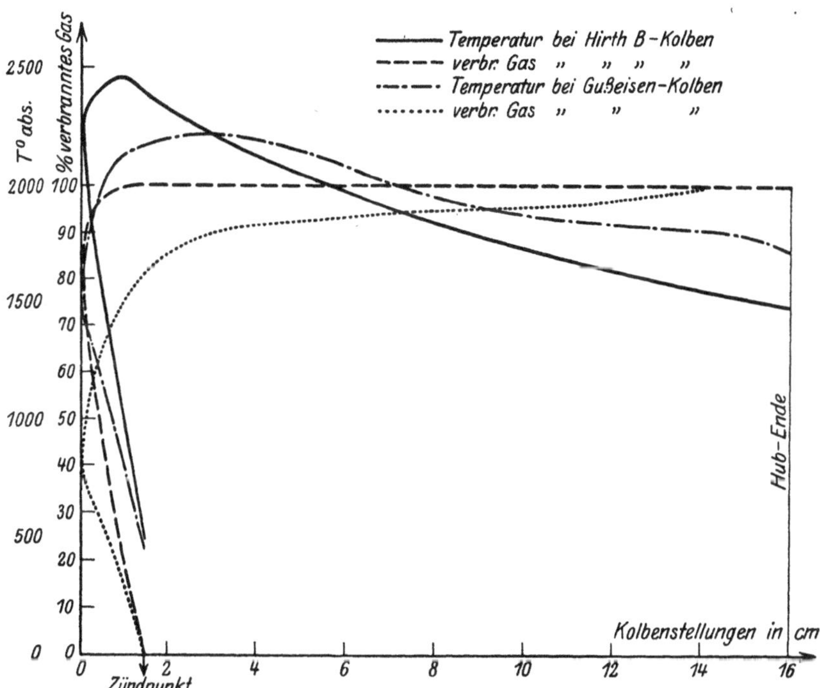

Abb. 22. Temperatur- und Verbrennungsverlauf beim 45-PS-Daimler mit Hirth-B-Kolben ($\varepsilon = 5{,}5$) und Gußeisenkolben ($\varepsilon = 4{,}1$) über der Kolbenstellung.

hervorheben, daß der Wärmeübergang während der Entspannung der Gase und des Auspuffhubes ganz außerordentlich mit der Temperatur wächst.

Zum weiteren Vergleich ist in Abb. 21 das errechnete Diagramm des B.M.W. dargestellt, worin natürlich die Ansaug- und Auspufflinien nur annähernd ermittelt sind.

In Abb. 22 finden wir die Temperaturen während der Verbrennung und die Prozente des jeweils verbrannten Gases über dem Hub für den 45-PS-Daimler mit Gußeisen- und Hirthkolben aufgetragen.

Wir können aus den Abb. 19, 20, 21 und 22 den großen Einfluß ersehen, denn die Höhe der Verdichtung, also die Größe des Kompressionsraumes, auf die Güte der Verbrennung und somit auf den Temperaturverlauf hat. Letzterer ist bei der höheren Verdichtung ein ungleich günstigerer als bei niedrigem ε, da im ersten Fall die Temperaturen am Beginn des Hubes weitaus größer sind, dann aber viel schneller abnehmen, als im zweiten Fall, wo durch die langsame Verbrennung eine ziemlich gleichmäßige Temperatur auftritt.

IV. Praktische Folgerungen aus den bisherigen Ergebnissen.

Wir haben in den vorigen Abschnitten gezeigt, daß die Grenzschichttheorie bei Motoren mit einfachem Verbrennungsraum sehr brauchbare Ergebnisse zeitigt; auch die Ermittlung der wahren Zündgeschwindigkeiten im Motor ergab uns Resultate, die der Wahrheit sehr nahe kommen werden. Aus diesen Ergebnissen können wir eine ganze Reihe von Schlüssen ziehen, die der Steigerung des wirtschaftlichen Wirkungsgrades und damit des Gütegrades der Verpuffungsmaschinen zugute kommen. Dies ist besonders in der heutigen wirtschaftlich bedrängten Zeit von schwerwiegendem Vorteil, wenn wir dadurch die thermische Ausnützung unsrer Brennstoffe noch weitertreiben können als bisher. Es ist dieses Bestreben auch im allgemeinen technisch richtiger als die beispielsweise im größten Teil der amerikanischen Automobilindustrie herrschende Gepflogenheit, in Anbetracht der dort überaus billigen Betriebsstoffe und der für amerikanische Verhältnisse außerordentlich niedrigen Steuer (5 bis 40 Dollar jährlich je nach amerikanischen Steuer-PS, Gewicht und Reifenbreite), keinerlei Rücksicht auf die Brennstoffausnützung zu nehmen und fast durchwegs nur „Benzinfresser“ zu bauen, während in Europa die Steuer viel höher ist und sich (außer in Holland) nur nach dem Zylinderinhalt richtet, also zur Erzielung hoher Literleistungen zwingt.

Wir wollen jetzt die verschiedenen Punkte besprechen, die auf die Erhöhung von Leistung und wirtschaftlichem Wirkungsgrad von Einfluß sind.

Da steht wohl in allererster Linie die Erhöhung der Verdichtung. Man vergleiche die bessere Ausnützung bei großem ε an den Diagrammen des 45-PS-Daimler und 45/60-PS-B.M.W. (Abb. 19, 20, 21). Daß der B.M.W. bei diesem Versuch einen geringeren wirtschaftlichen Wirkungsgrad aufweist als der Daimler mit Hirth-Kolben, liegt an seinem kleineren mechanischen Wirkungsgrad und an seiner weitaus größeren Ansaugarbeit, während sein η_i ohne Berücksichtigung der Ansaugarbeit, also die an den Kolben abgegebene Leistung (relativ genommen), infolge der höheren Verdichtung und seiner höheren Drehzahl trotz seines niedrigeren Lieferungsgrades besser ist als das η_i des Daimler (auch ohne Ansaugarbeit).

Da die Erhöhung der Verdichtung auch schon bisher in allen wissenschaftlichen Abhandlungen als das A und Ω der besseren thermischen Ausnützung gekennzeichnet wurde, können wir uns daher hier hauptsächlich auf die durch die vorliegende Arbeit klargestellten Ergebnisse beschränken.

Da sich die jeweils abgegebene Leistung aus $R' \cdot T \cdot \frac{\Delta v}{v}$ berechnet, ist es klar, daß die abgegebene Leistung zunehmen muß, wenn die einzelnen Faktoren dieses Ausdruckes wachsen, bzw. wenn v kleiner wird. Bei größerer Verdichtung wird nun das Verhältnis $\frac{\Delta v}{v}$ größer, da ja v bei Abnahme des Inhaltes des Kompressionsraumes kleiner wird. Wir sehen also schon hierin einen Grund für den günstigen Einfluß der hohen Verdichtung. Ferner steigt die Leistung, wenn die Temperaturen zunehmen und zwar insbesondere an den Stellen, an denen $\frac{\Delta v}{v}$ groß, also v noch klein ist, das heißt also zu Beginn des Explosionshubes. Eine möglichst hohe Temperatur zu diesem Zeitpunkt ist also auf die Leistung von günstigem Einfluß. Nun erzeugt eine höhere Verdichtung zwar höhere Temperaturen als eine kleine Kompression, aber dieser Unterschied ist von nicht allzu großer Bedeutung. Es ist vielmehr weitaus wichtiger, daß bei hohen Verdichtungen, also kleinen Verbrennungsräumen mit möglichst einfacher Form, eine schnellere Verbrennung des Gemisches erfolgt, woraus sich die höheren Anfangstemperaturen ergeben. Damit stimmt überein, daß eine nachträgliche Erhöhung der Verdichtung bei Motoren mit komplizierten Verbrennungsräumen durch Einbau andrer Pleuel oder Kolben lange nicht die gewünschte Wirkung zeitigt, siehe auch [18]), da die komplizierten Verbrennungsräume trotz hoher Verdichtung große Wege aufweisen, die die Brennfäden zurückzulegen haben und dadurch die Ladung ihre geballte Gestalt verliert. Die Leistung von Motoren mit kleinen und einfachen Verbrennungsräumen wird auch darum stets höher bleiben als bei anders gebauten Motoren, da im ersten

Fall der Wärmeübergang an die Zylinderwände trotz der weitaus höheren Temperaturen infolge der kleineren Fläche zumindest relativ weitaus geringer bleibt.

Wir haben gesehen, daß die einfachen, kleinen Kompressionsräume hochverdichtender Motoren einen äußerst günstigen Einfluß auf die schnelle Verbrennung und somit auf den wirtschaftlichen Wirkungsgrad ausüben. Von derselben Bedeutung aber wie Gestalt und Größe des Verbrennungsraumes ist die Lage der Zündstelle; unsre Betrachtungen hier haben nur für die elektrische Zündung Geltung, wobei bei Fahrzeugmotoren heute wohl nur mehr die Hochspannungskerze, bei Stabilmotoren auch noch die Niederspannungsabreißzündung in Betracht kommt. Die zweite Zündungsart, die heute wieder bei Motoren für schwere und schwerste Brennstoffe, insbesondere wenn Wert auf Unempfindlichkeit, Billigkeit und leichte Bedienung unter Verzicht auf Höchstleistungen gelegt wird, stark in den Vordergrund tritt, die Glühkopfzündung, erfordert wegen der Strömungen, die im Glühkopf auftreten, ebenso wie die Gleichdruckmaschine Betrachtungen, die über den Rahmen dieser Arbeit hinausgehen.

Betreffs der Lage der Zündkerze haben wir im vorigen Abschnitt unter 1. bereits eingehende Betrachtungen angestellt, die wir hier nur ganz kurz wiederholen wollen. An und für sich ist die Anordnung der Zündkerze seitlich und tief am günstigsten, da dann während der Vorzündung das oberhalb[1]) der Kerze befindliche Gemisch mit der Geschwindigkeit c_m + Bombengeschwindigkeit entflammt wird, während das unter ihr liegende Gemisch mit der Bombenzündgeschwindigkeit gezündet wird. Beim Abwärtsgange des Kolbens pflanzt sich dann die Zündung unterhalb der Zündkerze mit der Geschwindigkeit c_m + Bombenzündgeschwindigkeit fort, während etwa noch unverbranntes Gemisch oberhalb der Zündstelle nur mit der Bombenzündgeschwindigkeit verbrennt. Bei entsprechender Tieflage der Kerze und hoher Verdichtung ist aber, wie eine einfache Überlegung zeigt, meist schon das ganze oberhalb der Kerze befindliche Gemisch und somit der größte Teil der Ladung in der Totlage entflammt, z. B. beim B.M.W. ($\varepsilon = 6{,}14$) 73 %, des gesamten Gemisches, beim Steyr-Motor ($\varepsilon = 4{,}5$) 61,3 %, beim 45-PS-Daimler mit Hirthkolben ($\varepsilon = 5{,}5$) 78,6 %, beim selben Motor mit Gußkolben ($\varepsilon = 4{,}1$) jedoch nur 39 %. Beim Steyr-Motor wird diese günstige Verbrennung durch die tiefe Lage der seitlich angebrachten Kerze und durch die halbkugelige Form des Kompressionsraumes erzielt. In allen drei Motoren könnte oberhalb der Kerze während der Vorzündung sogar noch mehr Gemisch verbrennen. Die Tieflage der Kerze, die, wie gesagt, an und für sich günstig ist, findet aber durch folgende Um-

[1]) Die Bezeichnungen „oberhalb“ usw. beziehen sich hier auf stehenden Motor.

stände ihre Begrenzung: Erstens ist es sehr schwer, eine allzu tief liegende Kerze vor Verölung zu bewahren, zweitens darf die über dem Kolben lagernde Schicht von Rückständen, die das Gemisch stark verdünnt und hiermit die Zündgeschwindigkeit erheblich herabdrückt, im Zündmoment nicht über die Kerze hinausragen. Daß diese Rückstandschicht vorhanden ist, haben wir schon mehrfach nachgewiesen. Es sei hier noch ein weiterer Nachweis dafür gebracht, daß sich einzelne Rückstandnester durch alle Hübe hindurch ungeachtet der starken Durchwirbelung und Strömung des Gases erhalten. Bei einem Kurbelkastenpumpen-Zweitaktmotor der Konstruktion Köhler in München (für Motorräder) besitzt der Kompressionsraum leicht pilzförmige Gestalt. In diesem Pilz sind Dekompressionsventil und Kerze angebracht. Bei leichter Öffnung des Dekompressionsventils konnte nun, insbesondere bei hohen Betriebstemperaturen, eine Steigerung der Leistung erzielt werden, ein Beweis, daß in dem ungünstig geformten Verbrennungsraum Rückstände angesammelt blieben, die weder durch die Spülung noch durch die Wirbelung entfernt werden konnten und somit das Gemisch gerade an der Zündstelle verdünnten und dadurch den Verbrennungsvorgang verschlechterten[1]).

Wir sehen also hier zwei Beschränkungen in der Tieflage der Zündkerze. Hieraus ergibt sich Folgendes: Da die Kerze aus den schon genannten Gründen stets in einer gewissen Mindesthöhe über der oberen Totlage (bei Viertaktmotoren und normalen Kerzen im allgemeinen etwa 12 mm, bei Zweitaktmotoren weniger) angebracht werden muß, so liegt sie bei Motoren mit sehr hoher Verdichtung, also bei äußerst niedrigen Kompressionsräumen, relativ sehr hoch im Verbrennungsraum; in solchen Fällen ergibt dann die zentral im Zylinderkopf liegende Kerze keinen wesentlich schlechteren Verbrennungsverlauf. Wir sehen daher auch, daß manche hochverdichtende 2-Liter-Kompressor-Rennmotoren mit halbkugeligem Explosionsraum, z. B. der 8-Zylinder-Duesenberg, der 8-Zylinder-Fiat (60×87), der 12-Zylinder-Delage ($51{,}3 \times 80$, $\varepsilon = 1:7$) die Zündkerze zentral im Zylinderkopf haben.

Schließlich ist noch folgendes zu beachten: Wir haben schon ausgeführt, daß nur bei kleinen Bohrungen (bis etwa 85 mm als Erfahrungswert) bei tief und seitlich liegender Kerze die Brennfäden zur Durchschlagung des Zylinders auch senkrecht zur Strömungsrichtung nicht mehr Zeit verbrauchen als in der Strömungsrichtung. Bei größeren Bohrungen sind daher bei seitlicher und tiefer Lage der Zündstelle zwei Kerzen einander gegenüber vorzusehen oder, da ja zwei Kerzen der Kosten wegen meist nicht angeordnet werden können, der Kompressionsraum ist z. B.

---

[1]) Es braucht hier wohl nicht besonders betont zu werden, daß die Kerze natürlich niemals an einer Stelle angebracht werden darf, an der eine Ansammlung von Rückständen infolge schlechter Ausspülung erwartet werden kann.

konisch oder dachförmig auszubilden, so daß die Kerze an einer Stelle kleinen Querschnitts des Verbrennungsraumes liegt, der dann allmählich und ohne Sprung in den Zylinderquerschnitt übergehen soll. Es ist dann Sache der Geschicklichkeit des Konstrukteurs, tunlichst sowohl diese Forderung als auch die eines einfachen Verbrennungsraumes mit kleiner Oberfläche zu erfüllen. Die beste, konstruktiv allerdings nicht immer einfache Lösung ist also auch hier die Halbkugelform des Kompressionsraumes.

Wie gesagt, wird es sich aber bei kleineren Bohrungen, die heute wohl meist in Betracht kommen, empfehlen, die Kerze seitlich und so tief zulegen, daß die vorher genannten Übelstände gerade noch vermieden werden und anderseits bei der am meisten benötigten Drehzahl, bei der die größte wirtschaftliche Ausnützung der Maschine wünschenswert ist, und der entsprechenden Vorzündung möglichst viel Gemisch bereits in der Totlage entflammt ist.

Aus diesen Forderungen ersehen wir, daß zerklüftete oder langgestreckte, breite, komplizierte Verbrennungsräume, wie sie von unten gesteuerte Motoren aufweisen, eine schlechtere Verbrennung zeigen. Wir wollen daher auf diese hier nicht näher eingehen, sondern werden am Schlusse dieser Abhandlungen einen kurzen Vergleich zwischen dem obengesteuerten Motor mit einfachem Verbrennungsraum und dem untengesteuerten Motor mit seinem durch diese Ventilanordnung bedingten komplizierten Verbrennungsraum ziehen.

Auf zwei Umstände bei der Berechnung der Verbrennungsdauer sei hier noch hingewiesen. Erstens die im ersten Augenblick unlogisch erscheinende Lösung, daß das Gas in der Richtung der Zylinderströmung mit der Geschwindigkeit c_m + Bombenzündgeschwindigkeit gezündet wird, in der entgegengesetzten Richtung aber nicht mit der Bombenzündgeschwindigkeit — c_m, sondern nur mit ersterer allein. Eine kurze Überlegung zeigt, daß das letztere doch das richtige ist. Bei einem Motor mit am Abschluß des Verbrennungsraumes angebrachter Zündkerze könnte im gegenteiligen Falle die Vorzündung nicht wirksam werden, da ja eine negative Zündgeschwindigkeit (c_m ist ja fast stets größer als die Bombenzündgeschwindigkeit) auftreten, die Zündung also im krassesten Fall erlöschen würde. Unsre im ersten Augenblick unlogisch erscheinende Lösung bildet also eine brauchbare Annäherung, die wir eben durch die uns im einzelnen unbekannte Wirbelung des Gases erklären müssen.

Der zweite Umstand, der Erwähnung verdient, ist der: Es ist bei den meisten Verbrennungsräumen, auch einfachster Gestalt, nötig, zur Errechnung der schrittweisen Wärmebilanz den theoretischen rein zylindrischen Kompressionsraum gleichen Volumens anzunehmen; der Fehler, der durch die Verringerung der Oberfläche hierbei gegenüber dem wirklichen Verbrennungsraum begangen wird, ist bei einfachen Kompressionsräumen ohne große, sprunghafte Querschnittsveränderung belanglos und zu vernachlässigen. Bei der Errechnung der Verbrennungsdauer müssen wir hingegen unter allen Umständen die wirklichen, auszuführenden oder ausgeführten Ausmaße des Verbrennungsraumes benützen und auch gewölbte Kolben usw. berücksichtigen.

Schließlich müssen wir uns noch über den Einfluß der Vorzündung klar werden. Dieser liegt hauptsächlich darin, daß bei Kolbenstellungen, bei denen infolge der höheren Gasdichte bei gleichen zurückgelegten Entflammungswegen größere Mengen Gases verbrennen, möglichst große Zeit für die Verbrennung gewonnen wird. Es ist infolgedessen bei ein und demselben Motor nicht gleichgültig, ob eine bestimmte Zeit für die Verbrennung dadurch gewonnen wird, daß derselbe einmal mit geringer Drehzahl und Totpunktzündung und das andre Mal mit hoher Tourenzahl und Vorzündung läuft. Im zweiten Fall wird die Verbrennung stets eine weitaus bessere sein. Aus diesem könnte vielleicht der Schluß gezogen werden, daß eine Erhöhung der Vorzündung ins Maßlose von Vorteil sein könnte. Dies ist natürlich nicht der Fall. Wohl ist eine große Vorzündung für den Verlauf der Verbrennung von Vorteil, doch stehen ihrer zu großen Erhöhung wieder Hemmungen entgegen, die in erster Linie im Gleichgang der Maschine gelegen sind. Für die zulässigen Größen der Vorzündung liegen genügend Erfahrungen vor, so daß eine theoretische Abhandlung kaum nötig ist. Es wird vielmehr der richtige Weg sein, Form des Verbrennungsraumes und Lage der Kerze so zu bestimmen, daß bei einem als günstig erkannten Wert der Vorzündung möglichst große Mengen der Ladung in der Totlage verbrannt sind.

Daß nach allem bisher Gesagten die Lage der Kerze von ausschlaggebender Bedeutung für die Güte der Verbrennung ist, braucht nicht mehr wiederholt zu werden. Dies wird ja auch durch die praktische Erfahrung bestätigt; es sei hinzugefügt, daß bei einem vom Verfasser konstruierten Schnelläufer ($n = 4000$ bis 4500, alle Lager einschließlich Pleuel Kugellager) durch Tieflegen der Kerze (eine Kerze bei 78 mm Bohrung) auf nur 5 mm oberhalb der oberen Totlage eine Leistungssteigerung bis zu 20% gegenüber einem gleichen Motor mit höher liegender Kerze erzielt wurde.

Wir haben gesehen, daß sich geballte Rückstandnester im Zylinder durch alle Hübe ziemlich unversehrt erhalten dürften, so insbesondere eine Rückstandschicht über dem Kolben. Es ist wahrscheinlich, daß diese Schicht über dem Kolben an und für sich günstiger ist, als ein gleichmäßig durch Rückstände verdünntes Gemisch, insofern natürlich nicht eine restlose Ausspülung möglich ist. Denn das gleichmäßig verdünnte Gemisch weist naturgemäß eine kleinere Zündgeschwindigkeit auf als das nahezu unverdünnte, außerdem verringert eine gewissermaßen kompakte Rückstandschicht die zurückzulegenden Zündwege.

Andererseits begünstigt jedes Rückstandnest infolge seiner hohen Temperatur bei der Verdichtung Frühzündungen, weshalb auch Motoren mit schlechter Ausspülung (meistens Motoren mit seitlichen Ventilen) eine ausgesprochene Neigung zum „Zündungsklopfen" zeigen. Geballte Rückstandnester bestimmen also auch die Höhe der zulässigen Verdichtung; ihre Ausbildung ist daher trotz des gerade erwähnten günstigen Einflusses auf die Verbrennungsdauer tunlicht zu verhindern.

Wir müssen bei diesen Erörterungen noch einen Umstand besprechen, der bisher noch gar nicht erwähnt worden war, das ist die Vorwärmung des Gemisches. Zahlreiche Konstrukteure und Techniker sprechen von einer besseren Verbrennung bei Vorwärmung des Gemisches und erheben daher diese zur Forderung, womit sie sich in Widerspruch mit den auch theoretisch Denkenden setzen, insofern es sich nicht um schwere Brennstoffe handelt. (Siehe die Anschauungen von Güldner: Kaltes Gemisch, hohe Verdichtung.) Es ist doch klar, daß nur bei kaltem Gemisch die so günstigen hohen Verdichtungen erzielt werden können. Wenn sich nun, wie bei manchen Versuchen freilich gezeigt wurde, die Verbrennung bei Vorwärmung verbessert, so kann dies nur darin seinen Grund haben, daß bei diesen Motoren schlechte Vergaser verwendet wurden, welche den Brennstoff ungenügend zerstäuben, so daß sich durch die starke Abkühlung der Luft infolge Expansion in der Düse trotz der hohen Geschwindigkeiten im Ansaugrohr an Stelle fein zerstäubter Teilchen gewissermaßen Klumpen von Brennstoff bilden, welche natürlich die Zündgeschwindigkeit in unkontrollierbarer Weise verringern. Bei guten Vergasern kann aber die Vorwärmung keine Rolle spielen, wie auch zahlreiche Motoren beweisen, welche ohne diese arbeiten. Daß selbstredend im Winter die Vorwärmung nötig wird, erhellt daraus, daß die Abkühlung des Gemisches in Vergasern, die mit hohem Unterdruck arbeiten, 20 und mehr Grad Celsius beträgt und somit die Temperaturen des Gemisches so niedrig würden, daß sich auch die beste Zerstäubung nicht als genügend erweist, um die Klumpenbildung durch Niederschlag zu verhindern.

Den Einfluß der Zerstäubung auf die Verbrennung können wir natürlich nicht berücksichtigen. Doch ist diese bei modernen, guten Vergasern bereits eine so ausreichende, daß dieser Umstand, zumindest bei Vollgas und entsprechender Drehzahl, keine Rolle spielt. Und wenn wirklich eine Vergasertype so schlecht zerstäubt, daß dadurch eine Verschlechterung der Verbrennung und eine Leistungsabnahme eintritt, so nimmt man ja dann ohnehin einen anderen, besseren.

Wir kommen nun auf einen weiteren für die Leistung wichtigen Faktor zu sprechen, das ist der Wärmeübergang während des Verdichtungs- und Explosionshubes. Der erstere spielt, wie schon gezeigt wurde, so gut wie keine Rolle, die möglichst weitgehende Verkleinerung des zweiten fordert aber Bedingungen, die einer Leistungssteigerung entgegenwirken. Während wir nämlich für diese eine hohe Temperatur zu Beginn des Hubes verlangen müssen, wird der Wärmeübergang um so kleiner, je niedriger und gleichmäßiger verteilt die Temperatur ist. Nun ist aber die hohe Temperatur für die Leistung wichtiger als eine niedrige für den kleinen Wärmeübergang. Es muß also hier ein gewisser Ausgleich geschaffen werden. Wir können uns aus den Formeln über den Wärmeübergang leicht einen Überblick schaffen, bei welchen Kolbenstellungen in der Nähe der oberen Totlage der Wärmeübergang am kleinsten ist. Dies und die Berücksichtigung der Forderung für die Leistung: „Hohe Temperaturen möglichst zu Beginn des Hubes", bietet uns die Möglichkeit eines einwandfreien Ausgleiches. Wir erhalten dann höchste Leistung bei verhältnismäßig geringem Wärmeübergang, wobei wir noch bedenken müssen, daß das Fallen der Temperatur infolge großer Leistung auch wieder eine Abnahme des Wärmeüberganges hervorruft.

Ferner wollen wir noch einen anderen Faktor zur Erhöhung der Leistung besprechen, das ist die Vergrößerung des Lieferungsgrades. Es ist klar, daß bei größerem η_l die Leistung größer wird. Es wird aber auch der Wirkungsgrad gesteigert (siehe [18]), Seite 14—16), da die Leistung mit η_l zunimmt, während der Wärmeübergang durch Leitung mit $\eta_l^{3/4}$, bzw. $\eta_l^{2/3}$ wächst und der durch Strahlung überhaupt von η_l unabhängig ist. Die Mittel zur Erhöhung des Lieferungsgrades sind bekannt. Wenn aber bei einem Motor zu diesem Zwecke ein Gebläse oder Kompressor verwendet wird, so muß man sich eine weitere Frage vorlegen, insofern es sich nicht nur wie bei Spezialmaschinen um höchste Literleistungen ohne Rücksicht auf Brennstoffverbrauch handelt, sondern um Gebrauchsfahrzeuge, die neben gesteigerter Leistung auch hohen wirtschaftlichen Wirkungsgrad aufweisen sollen. In diesem Falle muß man sich darüber klar werden, ob die Kompressorarbeit den wirtschaftlichen Wirkungsgrad nicht mehr herunterdrückt als die Erhöhung von η_l ihn hebt. Die Leistung wird auf alle Fälle durch Kompressor oder Gebläse gesteigert.

Alle Mittel, die Leistung und den Wirkungsgrad zu steigern, heben die Temperaturen. Es entsteht dadurch bei ihrer Anwendung die Schwierigkeit der ausreichenden Kühlung von Kolben, Ventilen und Zündkerzen, sowie die Forderung der Vermeidung jeglicher Materialanhäufung am Zylinder. Die Kolbentemperaturen können auf Grund dieser Abhandlung ja gerechnet werden, die ausreichende Kühlung der Ventile, besonders des Auspuffventils, und der Kerze ist jedoch auch weiterhin an die Erfahrung und Geschicklichkeit des Konstrukteurs gebunden.

Da sich nun häufig die Notwendigkeit ergibt, einen abnehmbaren Zylinderkopf vorzusehen, ist es bei hochverdichtenden Motoren von besonderem Vorteil, daß uns die Grenzschichttheorie, allerdings nur in ihrer ursprünglichen Form und nicht mittels der vereinfachten Formeln, die Möglichkeit bietet, bei von oben gesteuerten Motoren den Wärmeübergang während des Explosionshubes an jeder Stelle des Zylinders zu bestimmen; da sich während des Auspuffhubes kaum die Verteilung des Wärmeüberganges an die Zylinderwände ändern dürfte, ist somit dem Konstrukteur die Möglichkeit geboten, die Teilung zwischen Zylinder und Zylinderkopf so zu legen, daß er mit der Teilfuge und den dadurch meist bedingten Materialanhäufungen, also schlecht gekühlten Stellen, an einen Ort möglichst geringen Wärmeüberganges kommt.

Ferner bieten uns die Grenzschichttheorie und die von ihr abgeleiteten Näherungsformeln noch die Möglichkeit, die Diagramme von Verpuffungsmaschinen (jedoch nur mit den bisher gemachten Einschränkungen) mit genügender Genauigkeit schon bei ihrer Konstruktion zu errechnen. Wir können daher an Hand dieses Diagramms feststellen, wie die Expansion verläuft. Auch sind wir durch diese Bestimmung des Druckverlaufes in der Lage, die höchsten und die mittleren Beanspruchungen des Kolbenbolzens, der Pleuel- und Kurbellager usw. genügend genau zu ermitteln. Es ist dies insbesonders heute, wo das Bestreben herrscht, alle Gleitlager durch Kugel- bzw. Rollenlager zu ersetzen, von außerordentlichem Wert, da bisher die Wahl der richtigen Lager meist große Schwierigkeiten verursachte und langwierige Versuche erforderte, wenn man nicht von vornherein den ein wenig kostspieligen Ausweg der Überdimensionierung der Lager beschritt; durch die Auswertung des Diagramms erscheint jedoch die völlig richtige Bemessung dieser Lager bei der Konstruktion gewährleistet.

Schließlich wollen wir uns noch überlegen, ob sich der in der Praxis gezeigte große Vorteil der hohen Drehzahl und Kolbengeschwindigkeit nicht auch durch unsere Theorie erklären läßt.

Die Steigerung der Tourenzahl erhöht zwar den sekundlichen Wärmeübergang durch Leitung an die Zylinderwand infolge der größeren Strömungsgeschwindigkeiten, aber von weitaus bedeutenderem Einfluß ist der Umstand, daß die Leistung pro Krafthub nicht von der Zeit abhängig ist, wohl aber der Wärmeübergang. Wir erhalten daher bei der Betrachtung des einzelnen Krafthubes einen günstigeren Wirkungsgrad, wenn die Drehzahl hoch ist. Auf die Sekunde bezogen, verhält sich dann die Leistung zum Wärmeübergang ungefähr wie c_m zu $c_m^{4/5}$, das heißt also, der Wirkungsgrad bessert sich mit zunehmender Tourenzahl. Dabei ist natürlich vorausgesetzt, daß sich infolge richtiger Durchbildung des Vergasers, Ansaugkanals und Ventiles sowie durch ein entsprechendes Ventileröffnungsgesetz der Lieferungsgrad nicht verschlechtert (siehe Seite 79).

Allerdings beeinträchtigt eine wesentliche Steigerung der Drehzahl die Güte der Verbrennung, da ja nur die eine Komponente der Zündgeschwindigkeit mit ihr wächst, während die für die Verbrennung verfügbare Zeit mit n abnimmt. Da aber die konstant bleibende Komponente der Zündgeschwindigkeit, die Bombenzündgeschwindigkeit, gegenüber der zweiten Komponente, also c_m, stets sehr klein ist, wird diese Verschlechterung der Verbrennung praktisch bedeutungslos. Wenn wir z. B. den Steyr mit $n = 4800$ anstatt $n = 2400$ laufen ließen, so wären im oberen Totpunkt bei gleicher Vorzündung an Stelle von 61,3 % 55,2 % des Gemisches, also nahezu gleiche Mengen verbrannt. Würde bei zunehmender Drehzahl die Verbrennung stärker verschlechtert werden oder die Zündgeschwindigkeit in einer andern Art als praktisch nahezu linear (siehe oben) von n, bzw. c_m abhängen, dann könnten Motoren, wie z. B. der Chiribiri mit einem maximalen $n = 5800$ oder die modernen 2-Liter-Kompressor-Rennmotoren (z. B. 6-Zylinder-Sunbeam, 8-Zylinder-Duesenberg, 8-Zylinder-Fiat, 12-Zylinder-Delage) bei 5500 bis 6000 Umdrehungen in der Minute und einer Zündkerze pro Zylinder keine so guten Resultate ergeben. Wir sehen also hier die theoretische Erklärung der günstigen thermischen Verhältnisse schnellaufender Maschinen. Man vergleiche den sehr geringen spezifischen Brennstoffverbrauch der schnellaufenden Motoren von z. B. Ansaldo, Bignan, Bugatti, Cottin-Desgouttes, Gray, Lancia, Mathis, Salmson, Steyr mit dem hohen langsamlaufender Motoren[1]).

Der Vorteil eines großen Hubverhältnisses, der sich in der Praxis auch erwiesen hat, ist in folgendem zu suchen:

Beim Vergleich von Motoren mit gleichem Hubvolumen, aber verschiedenem Hubverhältnis, sehen wir, daß in erster Linie die nur mittelbar gekühlte Kolbenfläche um so kleiner wird, je größer der Hub ist. Da aber die Höhe der noch zulässigen Temperaturen hauptsächlich durch die mittelbar gekühlten Flächen (siehe S. 57) bestimmt wird, kann die Verdichtung um so größer gewählt werden, je kleiner diese sind.

In zweiter Linie steht der Umstand, daß das größere Hubverhältnis kleinere Bohrung, also kleinere Strecken, die die Brennfäden senkrecht zur Strömungsrichtung zu durchlaufen haben, bedingt. Welchen außerordentlich großen Einfluß dies unter Umständen auf die Güte der Verbrennung und somit auf den Wirkungsgrad haben kann, haben wir schon eingehend besprochen.

Drittens nimmt bei gleichem ε die Höhe des Kompressionsraumes mit der Länge des Hubes zu. Bei seitlicher Lage der Kerze kann diese

[1]) Hierbei dürfen natürlich nur Motoren mit ähnlich ausgebildetem Kompressionsraum usw. verglichen werden.

also relativ um so tiefer angebracht werden, je größer das Hubverhältnis ist. Die Vorteile einer solchen Anordnung der Kerze wurden schon erörtert (Seite 51, 55 und 74).

Schließlich weisen langhubige Motoren erfahrungsgemäß im allgemeinen einen besseren Lieferungsgrad auf, wie kurzhubige.

Allerdings nimmt auch der Wärmeübergang bei langhubigen Motoren infolge der größeren Fläche und Geschwindigkeit zu; aber diese Steigerung des Wärmeüberganges wird dadurch teilweise wieder wettgemacht, daß durch den großen Hub die Grenzschicht dicker wird (siehe Grenzschicht des B.M.W. Abb. 13), wodurch der Wärmeübergang vermindert wird.

Wir sehen also, daß das Bestreben, Motoren mit großem Hub und hoher Drehzahl zu bauen, auch theoretisch vollauf berechtigt erscheint, wozu noch der Umstand kommt, daß bei kurzhubigen Motoren, also solchen mit großer Bohrung, der Kolben weitaus schwerer wird und Pleuelstange, Kolbenbolzen und -augen, Kurbelwelle, Lager und Gehäuse für weitaus höhere Beanspruchungen bemessen werden müssen als bei langhubigen, also solchen mit kleiner Bohrung.

Eine Erfahrung aus der Praxis kann allerdings weder unsre Theorie noch die Formel von Nusselt erklären, und das ist der Umstand, daß bei wachsender Belastung, also sinkender Drehzahl, die Kühlwasserverluste nicht nur relativ, sondern meist auch absolut steigen. Unsere Grenzschichttheorie liefert zwar einen prozentual größeren Wärmeübergang, aber nicht in dem Maße, wie es die Versuche zeigen.

Wir werden da wohl den Wärmeübergang während der Entspannung und des Ausschiebens der Gase als Ursache annehmen müssen, den ja auch Nusselt durch seine Versuche nicht erfassen konnte.

Schließlich wollen wir uns noch einmal mit dem von unten gesteuerten Motor mit seitlich angebrachten Ventilen befassen, bei welcher Bauart wir verschiedene ungünstige Eigenschaften fanden, die den wirtschaftlichen Wirkungsgrad herabdrücken.

Wir wollen uns diese Eigenschaften zusammengefaßt nochmals vor Augen führen:

1. Die langgestreckte und komplizierte Form des Kompressionsraumes bedingt eine große Oberfläche, somit großen Wärmeübergang, hierdurch kleinere Leistung.

2. Die starke Querschnittserweiterung des Kompressionsraumes bei seinem Übergang in den Zylinder und der Richtungswechsel um 90°, den die Strömung bei der Expansion auszuführen hat, erzeugen starke Wirbelungen und hohe Strömungsgeschwindigkeiten und damit großen Wärmeübergang, daher geringere Leistung.

3. Die Form des Verbrennungsraumes, lang, breit und niedrig, ist für das Fortschreiten der Zündung äußerst ungünstig, die Verbrennung

erfolgt so langsam, daß keine hohen Temperaturen am Anfange des Explosionshubes erreicht werden, die für eine große Leistung und einen hohen Wirkungsgrad nötig sind; ja es treten sogar große Mengen aus Zeitmangel unverbrannten Gases auf, wie z. B. bei den Versuchen von Terres[11]) am Benzmotor und wie wir am Dion Bouton nachgewiesen haben. Wir sehen an solchen Motoren, z. B. am 22/70-PS-Sechszylinder Maybach, daß diese ungünstige Eigenschaft Zweifunkenzündung nötig macht, auch Strombeck[9]) hat dies bereits in seinen Untersuchungen festgestellt.

4. Eine günstige hohe Verdichtung ist bei dieser Ausbildung des Verbrennungsraumes nur sehr schwer möglich, da bei seiner großen Länge und Breite eine hohe Verdichtung eine außerordentlich geringe Höhe des Kompressionsraums bedingt, so daß sich die in Punkt 2 und 3 genannten Übelstände um so stärker bemerkbar machen, je höher die Verdichtung ist. Die Vorteile der höheren Kompression werden daher wenig fühlbar. Nur bei großen Motoren bessert sich dies etwas.

5. Der Kompressionsraum ist nicht zu bearbeiten. Hierdurch tritt erstens leichter bei der sonst als günstig erkannten hohen Verdichtung eine Überhitzung des Motors ein, da sich die Gußhaut leichter verkrustet als eine bearbeitete Fläche und Kruste und Gußhaut sehr schlecht die Wärme ableiten und dadurch so heiß werden, daß Frühzündungen hervorgerufen werden können, zweitens ergeben die unbearbeiteten Kompressionsräume stets verschiedene Verdichtungsgrade für die einzelnen Zylinder, so daß der Gleichgang der Maschine beeinträchtigt wird. So schwanken an dem von Becker[18]) untersuchten 10/30-PS-Protos-Motor die Verdichtungsgrade der einzelnen Zylinder von 4,63 bis 4,84 [1]).

6. Die Form des Verdichtungsraumes verschlechtert wesentlich die Ausspülung. Beim Auspuffhub werden die über dem in einem Winkel liegenden Ansaugventil lagernden Verbrennungsgase nicht in genügendem Maße mitgerissen und verdünnen daher beim darauffolgenden Saughub das frische Gemisch; hierdurch wird ebenfalls die Zündgeschwindigkeit herabgedrückt und die Leistung vermindert.

7. Der Lieferungsgrad wird infolge der ungünstigen Form des Kompressionsraumes, der beim Saughub als schädlicher Raum wirkt, kleiner.

Diesen Nachteilen stehen nur folgende Vorteile gegenüber:

1. Einfachere Steuerung als beim obengesteuerten Motor.

2. Bequemere Konstruktion des Zylinders bei der Berücksichtigung der gießereitechnischen Forderungen.

Diese beiden Vorteile, von denen besonders der erste nicht verkannt werden soll, können aber doch nicht das Ergebnis aller Nachteile auf-

---

[1]) Dieser letztgenannte Nachteil kann allerdings durch sehr guten, dem englischen oder amerikanischen gleichwertigen Guß, der aber derzeit bei uns noch schwer erhältlich ist, fast völlig vermieden werden.

wiegen, da der untengesteuerte Motor mit seitlich ausladendem Verbrennungsraum erfahrungsgemäß nur 20 bis 23% wirtschaftlichen Wirkungsgrad gegenüber 28 bis 30 % und mehr bei modernen obengesteuerten Motoren mit einfachen Verbrennungsräumen aufweist. Die Leistung des ersteren ist daher bei gleichem Brennstoffverbrauch um 20 bis 50% geringer als bei der zweiten Bauart.

Tatsächlich gehen ja auch die meisten modernen Fabriken vom untengesteuerten zum obengesteuerten Motor über, insoferne es sich nicht um die später genannten Ausnahmsfälle handelt.

Allerdings gelten alle diese Bemerkungen nur für die bisher allgemein übliche Form des Kompressionsraumes bei untengesteuerten Motoren (siehe z. B. De Dion Bouton, Abb. 3 und 23).

Bei den sogenannten „Ricardo-Zylinderköpfen"[22]) verschwinden auch bei seitlicher Anordnung der Ventile eine Reihe der vorher genannten Nachteile (1, 3, 4, sowie 2 und 5 teilweise). Tatsächlich stellt diese Form des Zylinderkopfes nichts anderes dar als einen nahezu halbkugeligen Kompressionsraum, der parallel zu seiner Grundfläche soweit verschoben ist, daß er nicht mehr über dem Zylinder selbst, sondern über den Ventilen liegt. Mit derartigen Motoren wurde ein η_w von nahezu 27% erzielt[22]).

Kurz zusammengefaßt, geht aus dem Vergleich zwischen oben- und untengesteuertem Motor hervor, daß die letztere Bauart nur dann eine Berechtigung hat, wenn unter Verzicht auf Höchstleistungen bei großen Wagen, z. B. Cadillac, 30/75-PS-Sechszylinder Gräf und Stift, Lincoln, Packard, Rolls Royce[1]), größte Einfachheit und geräuschlosester Gang, bei kleinen Wagen geringster Preis (z. B. Amilcar, Austin, Citroën, Fiat 501, Ford, Morris) angestrebt wird.

Wir haben gesehen, daß uns die Grenzschichttheorie einen weiten Ausblick auf bisher rechnerisch nicht erfaßbare Gebiete eröffnet hat. Auch bietet sie uns die Möglichkeit einer klareren Beurteilung des Arbeitsvorganges im Motor. Wir können daher bei der Konstruktion zahlreiche Einzelheiten, die auf die Erhöhung der Leistung und des wirtschaftlichen Wirkungsgrades von Einfluß sind, besser berücksichtigen als es bisher der Fall war. Auch sind wir jetzt imstande, die Leistung und den Wirkungsgrad eines Motors schon bei seiner Konstruktion sicherer zu bestimmen als es früher möglich war.

---

[1]) Im Jahre 1925 gehen jedoch bereits auch Rolls Royce (nur bei der kleineren Type) und Gräf und Stift (auch bei den großen Sechszylinder-Motoren) zu obengesteuerten Ventilen über.

Anhang.

Im Anhang bringen wir die kurzen Beschreibungen der hier untersuchten Motoren auszugsweise und zwar nur soweit, als es unsere Untersuchungen nötig machen. Insbesondere ist von einer Beschreibung der Meßeinrichtungen völlig Abstand genommen worden, soweit nicht

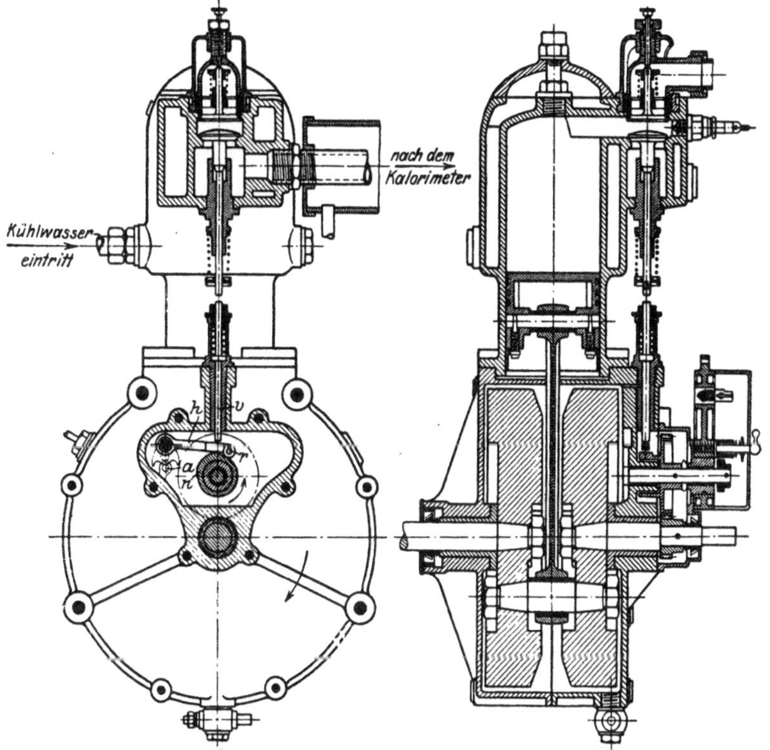

Abb. 23a und 23b. 8-PS-Einzylindermotor De Dion Bouton.

(Aus: „Untersuchung des Arbeitsprozesses im Fahrzeugmotor" von Prof. Dr.-Ing. Kurt Neumann [8].)

die Eigenart der einen oder andern dies zur Vervollständigung unserer Ergebnisse ratsam erscheinen läßt.

a) De Dion Bouton-Motor. Der von Neumann zu seinen Untersuchungen benutzte Dion Bouton-Motor soll nach Angabe der Firma bei 1600 Umdr./min 8 PS leisten. Er ist in Abb. 23a und 23b dargestellt.

Seine Konstruktionsdaten sind:

Bohrung	100 mm
Hub	120 „
Kolbenfläche	78,5 cm²
Hubvolumen	942,7 cm³
Volumen des Kompressionsraumes	285,6 „
Verdichtungsverhältnis	4,3

Der Motor lief bei den Versuchen mit Benzin. Die Veränderung der Leistung war ursprünglich durch Verstellung des Zündpunktes oder durch Verringerung der Ladung durch Rücksaugen von Abgasen vorgesehen. Hierzu kann die Hubdauer des Auspuffventils durch Handhebel verstellt werden. Bei den Versuchen wurde jedoch hiervon kein Gebrauch gemacht, sondern es wurde eine gewöhnliche Drosselklappe eingebaut. Das Ansaugventil arbeitet automatisch. Zwischen Kalorimeter und Motor ist ein 35 cm langes Rohr eingeschaltet, das bereits zur Bestimmung eines Teiles der Abgaswärme dient. Der Luftverbrauch wurde durch eine Luftuhr gemessen. Die Ölung ist eine einfache Sprühölung, bei der das Kurbelgehäuse zum Teil mit Öl gefüllt ist. Die Zündung ist eine Batterie-Kerzenzündung.

b) Der 45/60-PS-Motor der Bayrischen Motorenwerke. Der B.M.W. ist ein Vierzylindermotor mit 2 Blöcken zu je 2 Zylindern. Dieselben sind aus Grauguß hergestellt.

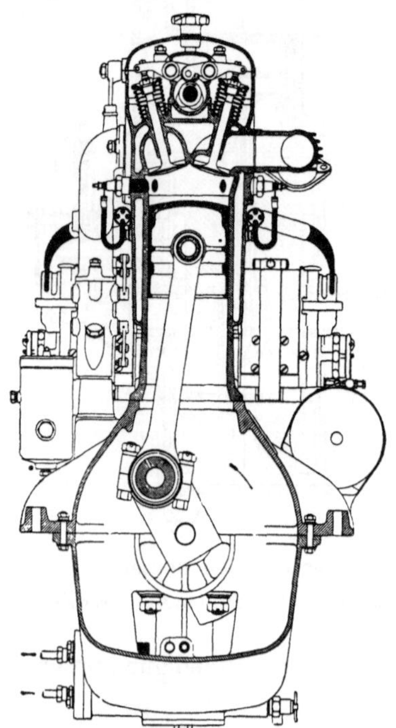

45-60-PS-BMW.-Vierzylindermotor.
Abb. 24. (Beigestellt von den Bayrischen Motorenwerken, München.)

Bohrung	120 mm
Hub	180 „
Hubvolumen jedes Zylinders	2,036 Liter
Kompressionsraum-Volumen pro Zylinder	0,396 „
Verdichtungsverhältnis	6,14

Der Motor ist im Schnitt in Abb. 24 dargestellt. Die Ventile sind schräg in den Zylinderköpfen hängend angeordnet. Ihre Betätigung erfolgt durch eine obenliegende Nockenwelle und kurze Schwinghebel. Die Nockenwelle wird durch eine senkrechte Welle angetrieben, welch letztere noch die Wasserpumpe, die Lichtmaschine, zwei Boschmagnete, schließlich eventuell einen Fliehkraftregler antreibt. Der gesamte Antrieb ist gekapselt, die in vier Gleitlagern laufende Steuerwelle liegt in einem

Aluminiumgehäuse. Die Zylinder besitzen einen einfachen, nahezu zylindrischen Kompressionsraum und sind sehr sorgfältig gekühlt. Die Zündung erfolgt durch je zwei Kerzen, die seitlich an den Zylindern angebracht sind. Sie liegen einander nahezu gegenüber. Die Zündfolge ist 1—3—4—2. Die Kolben sind aus der bekannten B.M.W.-Aluminium-Legierung hergestellt. Die Kurbelwelle läuft in 5 Gleitlagern. Die Pleuelstange hat 325 mm Länge. Sie ist ebenso wie die Kurbelwelle hohl ausgebohrt. Durch diese Bohrungen wird das Öl im Umlaufsystem durch eine Kolbenpumpe gepreßt, die im Ölsumpf, der sich am rück-

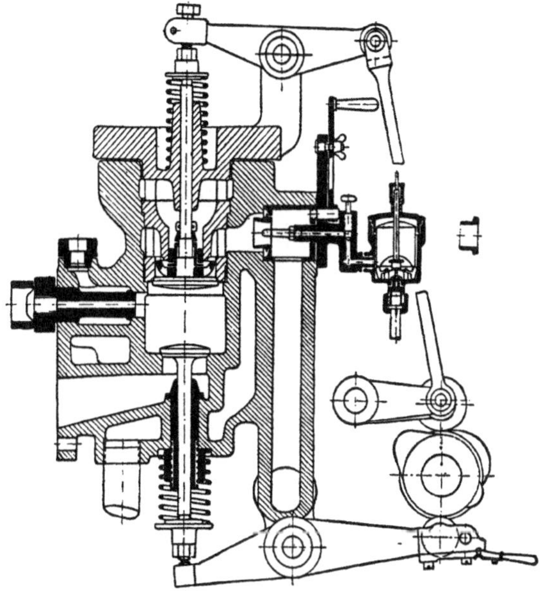

Abb. 25. Kompressionsraum der Deutzer Gasmaschine.
(Aus: „Untersuchungen an Automobilmotoren" von Dr.-Ing. G. Strombeck [9].)

wärtigen Ende des Kurbelgehäuses befindet, eingebaut ist. Das Auspuffrohr ist eigens gekühlt. Der B.M.W.-Vergaser ist ein Registervergaser mit einer Leerlauf- und zwei Brennstoffdüsen. Die Gestalt der Luftdüsen gestattet bequeme Rechnung des Luftverbrauches nach den Düsenformeln, da sie als glatte Hohlkegel ausgedreht sind. Auf eine weitere Beschreibung dieses Vergasers wollen wir verzichten, ebenso auf die Beschreibung des recht komplizierten Avisvergasers, mit dem unser Versuch gemacht wurde. Die Maximaldrehzahl des Motors ist 1200 bis 1400 Touren/min. Als Betriebsstoff wurde bei diesen Versuchen Benzin mit einem H_u von 10050 Cal verwendet.

c) Die Deutzer Gasmaschine. Die Deutzer Gasmaschine, die Strombeck zu seinen Versuchen verwendet hat, ist eine gewöhnliche liegende Maschine ganz normaler Bauart. Der Verbrennungsraum ist in Abb. 25 dargestellt.

Bohrung	180 mm
Hub	320 „
Kolbenfläche	263,3 cm²
Hubvolumen	8,58 Liter
Kompressionsvolumen	2,94 „
Verdichtungsverhältnis	3,93.

Als Brennstoff wurde Benzin mit einem H_u von 10450 Cal verwendet. Über die Konstruktionseinzelheiten haben wir hier nicht sehr viel zu sagen. Sie sind allgemein bekannt. Die Zündung erfolgt hier noch durch eine Magnet-Abreißzündung, die zentral am Ende des Kompressionsraumes angebracht ist. Die Regelung der Leistung wird durch Änderung des Ansaugventilhubes bewirkt. Für den Betrieb mit Benzin wurde ein Vergaser angebracht, die Einstellung des Mischungsverhältnisses erfolgte durch einen Luftschieber.

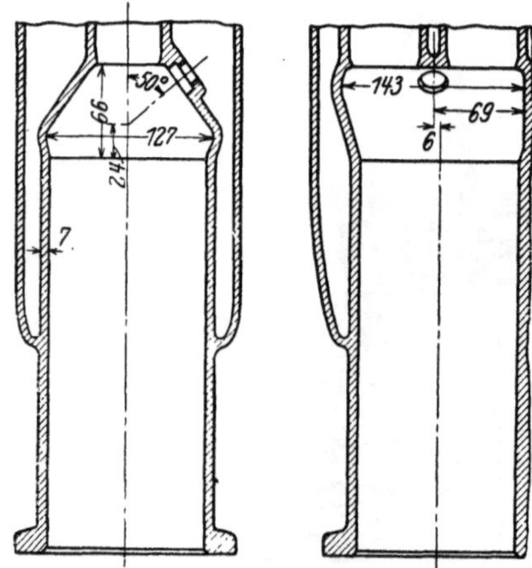

Abb. 26a und 26b. Zylinder des 45-PS-Daimler. (Aus: „Vervollkommnung der Kraftfahrzeugmotoren durch Leichtmetallkolben" von Prof. Dr.-Ing. G. Becker[18].)

Bemerkt sei noch, daß die Abgaswärmen hier nicht mit dem Kalorimeter gemessen, sondern gerechnet wurden (siehe die Arbeit von Strombeck).

d) Der 45-PS-Daimler-Lastwagenmotor. Der 45-PS-Daimler-Lastwagenmotor, der unter andern bei den Untersuchungen von Becker[18]) verwendet wurde, ist ein Vierzylinder mit je zwei Zylindern in einem Block. Sein Kompressionsraum ist in Abb. 26a und 26b dargestellt.

Seine Konstruktionsdaten sind:

Bohrung	120 mm
Hub	160 „
Hubvolumen	1,809 Liter/Zylinder
Verdichtungsraum bei gußeisernem Kolben	0,584 „
ε bei gußeisernem Kolben	1 : 4,1
n_{max}	$\sim$ 1200

Die Ventile sind hängend im Zylinderkopf angebracht. Verwendet wurde ein Pallas-Vergaser. Für die Zündung ist eine Kerze für jeden Zylinder vorgesehen, deren Lage aus den Abbildungen ersichtlich ist. Der Motor besitzt Druck-Umlaufschmierung.

Bezüglich seiner näheren Beschreibung, seines Ventileröffnungsgesetzes, der Gestalt und Wandstärken der verwendeten Kolben aus Gußeisen, bzw. des Hirth-B-Kolben, muß auf [18]) verwiesen werden.

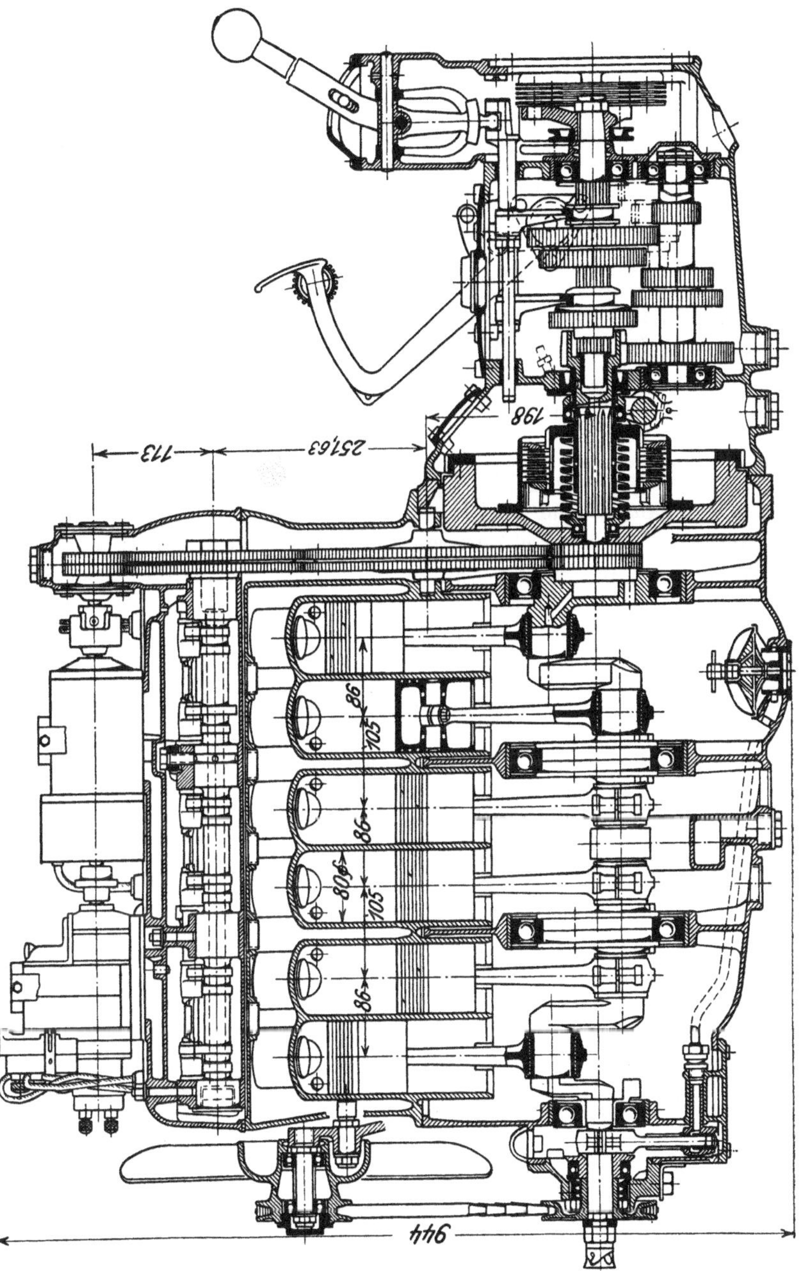

Abb. 27. 12/40-PS-Steyr-Sechszylinder-Personenenwagenmotor Type 5. (Oesterreichische Waffenfabriks-Gesellschaft, Wien-Steyr).

e) Der 12/40-PS-Steyr-Sechszylinder-Personenwagenmotor. Der 12/40-PS-Sechszylindermotor Type 5 der Österreichischen Waffenfabriks-Gesellschaft, Automobilfabrik Steyr, weist folgende Konstruktionsdaten auf:

Bohrung	80 mm
Hub	110 mm
Hubvolumen	553 cm^3 pro Zylinder
Gesamter Zylinder-Inhalt	3,317 Liter
ε	1:4,5

Der Motor ist in Abb. 27 dargestellt.

Sämtliche Zylinder sind in einem Block aus Grauguß gegossen. Die Zylinder besitzen halbkugeligen, bearbeiteten Kompressionsraum, die Ventile hängen schräg im Zylinderkopf. Da dieser nicht abnehmbar ist, sind eigene Ventileinsätze vorgesehen. Die Zündkerzen, je eine für jeden Zylinder, sind seitlich und sehr tief angebracht. Die Kolben sind aus Grauguß hergestellt. Die Kurbelwelle ist aus 3 Teilen zusammengeflanscht und läuft in vier Kugellagern im ungeteilten Kurbelgehäuse aus Aluminium. Auf der Kurbelwelle sitzt der Exzenter der Öl-Plungerpumpe, welche im Umlaufsystem durch die ausgebohrte Kurbelwelle sämtliche Schmierstellen im Motor, einschließlich Steuerung und Kupplung, versorgt. Die Steuerwelle liegt mit der gesamten Steuerung in einem eigenen Gehäuse über den Zylinderköpfen. Sie wird ebenso wie die seitlich vom Motor liegende Wasserpumpe und die auf dem Steuerungsgehäuse sitzende Bosch-Zünd- und Lichtmaschine von Stirnrädern mit Pfeilverzahnung angetrieben. Die Steuerwelle selbst läuft in Büchsen, die Betätigung der Ventile erfolgt durch kurze Schwinghebel.

Der Motor ist mit Lamellenkuppelung und Getriebe zu einem Block vereinigt.

Beim Versuch wurde ein Pallas-Vergaser verwendet. Im Winter erfolgt die Anwärmung des Gemisches dadurch, daß die Luft durch einen, das Kurbelgehäuse durchquerenden Kanal angesaugt wird. Auch kann das Ansaugrohr selbst durch das heiße Kühlwasser geheizt werden.

Die Beschreibungen des Dion Bouton, der Deutzer Gasmaschine und des Daimler-Motors sind auszugsweise aus den Arbeiten von Prof. Dr.-Ing. Kurt Neumann, Dr.-Ing. Strombeck und Prof. Dr.-Ing. Gabriel Becker entnommen, ebenso stammen die Abbildungen dazu aus den genannten Unterlagen.

Die Abbildung des 45/60-PS-BMW.-Motors wurde von den Bayrischen Motorwerken, München, die Unterlage zu der des 12/40-PS-Steyr-Motors von der Österreichischen Waffenfabriks-Gesellschaft, Wien-Steyr, in entgegenkommendster Weise beigestellt, wofür ich mir hier meinen besten Dank auszusprechen erlaube.

Zusammenstellung der für die Praxis brauchbaren Näherungsformeln.

		Seite
Entwickelte g cal bei jedem Krafthub:		
$0{,}58 \cdot 10^{-4} \cdot \eta_l \cdot D^2 \cdot s \cdot H_u$.	28)	63
Bestimmung der Temperatur an Hand der C'-Kurve (Abb. 18):		
$C' = \frac{J}{\eta_l \cdot D^2 \cdot s}$.	29)	63, 64
Wärmeübergang während des Explosionstaktes (und Vorzündung):		
a) Durch Leitung an die Wand des Zylinders und Kompressionsraumes:		
$W_{lZ} = 10^{-6} \cdot A \cdot D \cdot (\eta_l \cdot c_m \cdot s)^{3/4} \cdot \left(\frac{T}{l}\right)^{3/4} \cdot (T - T_w) \cdot l \cdot t$.	21)	61, 62
b) Durch Leitung an den Abschluß des Kompressionsraumes:		
$W_{lD} = 10^{-6} \cdot 0{,}5 \cdot D^2 \cdot \left(\eta_l \cdot \frac{s}{l}\right)^{2/3} \cdot T \cdot (T - T_w) \cdot t$.	22)	56, 62
c) Durch Strahlung an Zylinder und gesamten Kompressionsraum:		
$W_{sZ+D} = 10^{-5} \cdot D \cdot \pi \cdot \left(\frac{T}{100}\right)^4 \cdot \left(\frac{D}{4} + l\right) \cdot t$.	23)	62
d) Durch Leitung an den Kolben:		
$W_{lK} = 10^{-6} \cdot 0{,}5 \cdot D^2 \cdot \left(\eta_l \cdot \frac{s}{l}\right)^{2/3} \cdot T \cdot (T - T_K) \cdot t$.	24)	56, 62
e) Durch Strahlung an den Kolben:		
$W_{sK} = 10^{-6} \cdot 7{,}86 \cdot D^2 \cdot \left(\frac{T}{100}\right)^4 \cdot t$.	25)	62
Gesamte an den Kolben abgegebene Leistung:		
$N_g = 0{,}155 \cdot 10^{-3} \cdot \eta_l \cdot D^2 \cdot s \cdot \frac{l_e - l_a}{l_e + l_a} \cdot T$.	26)	63

Druck im Arbeitsdiagramm: Seite

$$p = 4{,}1 \cdot 10^{-3} \cdot \eta_l \cdot s \cdot \frac{T}{l}. \qquad 27) \qquad 63$$

Wärmeübergang während des ganzen Auspuffhubes an den Kolben:

a) Durch Leitung:

$$W_{lK} = 0{,}648 \cdot 10^{-3} \cdot \sqrt[3]{p \cdot T} \cdot (T - T_{KM}) \cdot \frac{D^2}{n}. \qquad 20) \qquad 57,\ 60$$

b) Durch Strahlung:

$$W_{sK} = 0{,}236 \cdot 10^{-3} \cdot \left(\frac{T}{100}\right)^4 \cdot \frac{D^2}{n}. \qquad 30) \qquad 27, 57, 60$$

Temperaturgefälle am Kolbenboden:

$$T_K - T_{KR} = 0{,}478 \cdot \frac{W_K \cdot n}{d \cdot \lambda}. \qquad 17) \qquad 57$$

Temperaturgefälle im Kolbenschaft:

$$T_{KR} - T_{KU} = T_{KR} - T_w = \sqrt{\frac{W_K \cdot l_K \cdot n}{0{,}13 \cdot \lambda \cdot D \cdot d}}. \qquad 18) \qquad 58$$

Zündgeschwindigkeit in der jeweiligen Strömungsrichtung (also der Richtung der jeweiligen Kolbenbewegung):

Bombenzündgeschwindigkeit $+ c_m$ 31) 48, 75

Zündgeschwindigkeit gegen die jeweilige Strömung (also dem Kolben entgegen):

Bombenzündgeschwindigkeit 32) 51, 75

Zündgeschwindigkeit senkrecht zur Strömungsrichtung: Siehe die Ausführungen auf 53, 75

Bei der Anwendung sämtlicher Formeln sind die Bemerkungen, bzw. Einschränkungen, die auf den angegebenen Seiten gemacht sind, zu beachten!

Quellenangabe.

1) Güldner, H.: Das Entwerfen und Berechnen der Verbrennungskraftmaschinen und Kraftanlagen. 3. Aufl. Berlin: Julius Springer 1921.

2) Clerk, D.: Proc. Roy. Soc. London A 77, S. 500. 1906.

3) Junkers, H.: Jahrb. Schiffbaut. Ges. 1912, S. 264.

4) Prandtl, D.: Verhandlungen Int. Math.-Kongr. Heidelberg 1904. — Handbuch der Naturwissenschaften. IV., S. 117. Jena: G. Fischer 1913. — Phys. Z. Bd. 11. S. 1072. 1910.

5) v. Kármán, Th.: Z. ang. Math. Mech. Bd. 1, S.. 233. 1921. — Abhandlungen aus dem aerodyn. Inst. d. T. H. Aachen. Aachen 1921.

6) Latzko, H.: ebenda.

7) Herzfeld, K. F.: Z. ang. Math. Mech. Bd. 4, S. 405. 1924.

8) Neumann, K.: Untersuchung des Arbeitsprozesses im Fahrzeugmotor. Forsch.-Arb. Ing. H. 79, Berlin 1909.

9) Strombeck, G.: Untersuchungen an Automobilmotoren. Diss. Berlin: T. H. Braunschweig 1913.

10) Nusselt, W.: Der Wärmeübergang in der Verbrennungskraftmaschine. Forsch.-Arb. Ing. H. 264, Berlin 1923.

11) Terres, E. und F. Wehrmann: Z. Elektrochemie. Bd. 27, S. 379, 423.1921.

12) Hütte, 23. Aufl. Berlin 1920.

13) Nernst, W.: Die Grundlagen des neuen Wärmesatzes. Halle: H. Knapp 1918.

14) Sutherland, W.: aus Hütte 1920.

15) Stodola: Dampfturbinen. 4. Aufl. S. 53. Berlin: Julius Springer 1910.

16) Schmitt, K.: Ann. Physik. Bd. 30, S. 393. 1909; siehe auch Meyer, O. E: Kinetische Theorie der Gase. S. 200. Breslau: Maruschke & Berendt 1899.

17) Loschge, A.: Z. V. d. I. 1913, S. 60.

18) Becker, G.: Vervollkommnung der Kraftfahrzeugmotoren durch Leichtmetallkolben. Berlin und München: Oldenbourg 1922.

19) Hütte. 1920, I, S. 442.

20) v. Kármán, Th. und H. Rubach: Phys. Z. Bd. 13, S. 49. 1912.

21) Regeln für Leistungsversuche an Gasmaschinen und Gaserzeugern. Aufgestellt vom V.D.I., dem Verein deutscher Maschinenbauanstalten und dem Verband von Großgasmaschinenfabrikanten im Jahre 1906.

22) Ricardo, Harry R.: The Automobile Engineer, Vol. XII, S. 265, 299, 329. London 1922.

Ölmaschinen. Wissenschaftliche und praktische Grundlagen für Bau und Betrieb der Verbrennungsmaschinen. Von Prof. **St. Löffler,** Berlin und Prof. **A. Riedler,** Berlin. Mit 288 Textabbildungen. (532 S.) 1916. Unveränderter Neudruck. 1922. Gebunden 18 Goldmark

Ölmaschinen, ihre theoretischen Grundlagen und deren Anwendung auf den Betrieb unter besonderer Berücksichtigung von Schiffsbetrieben. Von Marine-Oberingenieur a. D. **Max Wilh. Gerhards.** Zweite, vermehrte und verbesserte Auflage. Mit 77 Textfiguren. (168 S.) 1921. Gebunden 5.80 Goldmark

Schiffs-Ölmaschinen. Ein Handbuch zur Einführung in die Praxis des Schiffsölmaschinenbetriebes. Von Direktor Dipl.-Ing. Dr. **Wm. Scholz,** Hamburg. Dritte, verbesserte und erweiterte Auflage. Mit 188 Textabbildungen und 1 Tafel. (276 S.) 1924. Gebunden 13.50 Goldmark

Schnellaufende Dieselmaschinen. Beschreibungen, Erfahrungen, Berechnung, Konstruktion und Betrieb. Von Marinebaurat Prof. Dr.-Ing. **O. Föppl,** Braunschweig, Oberingenieur Dr.-Ing. **H. Strombeck,** Leunawerke und Prof. Dr. techn. **L. Ebermann,** Lemberg. Dritte, ergänzte Auflage. Mit 148 Textabbildungen und 8 Tafeln, darunter Zusammenstellungen von Maschinen von AEG, Benz, Daimler, Danziger Werft, Deutz, Germaniawerft, Görlitzer M.-A., Körting und MAN Augsburg. (246 S.) 1925. Gebunden 11.40 Goldmark

Graphische Thermodynamik und Berechnen der Verbrennungs-Maschinen und Turbinen. Von Ingenieur-Technolog **M. Seiliger.** Mit 71 Abbildungen, 2 Tafeln und 14 Tabellen im Text. (258 S.) 1922. 6.40 Goldmark; gebunden 8 Goldmark

Außergewöhnliche Druck- und Temperatursteigerungen bei Dieselmotoren. Eine Untersuchung. Von Dr.-Ing. **R. Colell.** Mit 26 Textfiguren. (74 S.) 1921. 2.40 Goldmark

Skizzen von Gas- und Ölmaschinen. Zusammengestellt von Prof. **R. Schöttler,** Braunschweig. (Aus „Schöttler, Die Gasmaschine", 5. Auflage, und anderen Werken.) Vierte, neubearbeitete Auflage. (44 S.) 1924. 2.70 Goldmark

Die Ölfeuerungstechnik. Von Dr.-Ing. **O. A. Essich.** Zweite, vermehrte und verbesserte Auflage. Mit 209 Textabbildungen. (116 S.) 1921. 4 Goldmark

L. Schmitz, Die flüssigen Brennstoffe, ihre Gewinnung, Eigenschaften und Untersuchung. Dritte, neubearbeitete und erweiterte Auflage von Dipl.-Ing. Dr. **J. Follmann.** Mit 59 Abbildungen im Text. (215 S.) 1923. Gebunden 7.50 Goldmark